Kleine Geschichte der Ravolzhäuser Ziegelhütte

im historischen Kontext der beiden Ortsteile von Neuberg

Bodo König

Herausgegeben von der Gemeinde Neuberg.

Bearbeitet von der Geschichtswerkstatt Büdingen
Joachim Cott, Am Wildenstein 11, 63654 Büdingen
Tel. 06042/952334
info@geschichtswerkstatt-buedingen.de
www.geschichtswerkstatt-buedingen.de

Titelbild: Ravolzhäuser Feierabendziegel aus Privatbesitz
(Foto: Stefan Wüsten).

Inhaltsverzeichnis

Grußwort von Landrat Erich Pipa

Liebe Bürgerinnen und Bürger,

das in landschaftlich schöner Lage gelegene Neuberg ist ein moderner, aufstrebender Ort, der ohne Zweifel viel zu bieten hat.

Neben den verkehrstechnisch gut erschlossenen Wohngebieten in ruhiger Lage, die im Laufe der Zeit für immer mehr Zuzug von Pendlern aus dem Rhein-Main-Gebiet gesorgt haben und einer zeitgemäßen Infrastruktur, sind es vor allem die geschichtsträchtigen Kulissen, die die beiden Ortsteile Rüdigheim und Ravolzhausen auszeichnen.

Administrativ gehört Neuberg zu den vergleichsweise jungen Gemeinden im Main-Kinzig-Kreis. So blickt die Gemeinde Neuberg in diesen Tagen auf eine Zeit von vierzig Jahren des Wachsens und Gedeihens zurück, hatte man sich doch ausgehend von den Dörfer Rüdigheim und Ravolzhausen im Jahr 1971 im Rahmen der Gebietsreform zusammengeschlossen. Damals hatten die zwei im Grenzgebiet dieser Orte liegenden Flurbezeichnungen „Am Neuen Berg“ und „Im Neueberg“ den Ausschlag für den neuen Ortsnamen Neuberg gegeben.

Vierzig Jahre Gemeinde Neuberg sind genügend Anlass, um zurückzublicken und sich den geschichtlichen Ursprüngen zuzuwenden. Die Wurzeln der beiden Ortsteile gehen selbstredend viel weiter in die Geschichte zurück.

Lange vor den urkundlichen Ersterwähnungen im Mittelalter bezeugen bereits vor- und frühgeschichtliche Bodenfunde frühe Siedlungen seit der Jungsteinzeit an den Plätzen, die später Rüdigheim und Ravolzhausen einnehmen werden. Die fruchtbaren Böden, der Holz- und Wasserreichtum sowie die örtlichen Lehm- und Tonvorkommen werden für die Wahl dieser Siedlungsplätze ausschlaggebend gewesen sein.

In der Römerzeit verlief der Obergermanisch-Raetische Limes als Grenze zwischen der römischen Provinz „Germania superior“ und dem keltisch-germanischen Umland von Norden nach Süden quer durch das Siedlungsgebiet der heutigen Gemeinde.

Hätten die Römer um die Tonvorkommen bei Ravolzhausen gewusst, hätten sie diese bei der Grenzziehung bestimmt ihrem Territorium einverleibt. Schätzten die Römer doch alle Erzeugnisse aus Ton wie Keramik und Ziegel. So wird die Ausbeutung der Tonlager von Ravolzhausen erst lange nach den Römern ihren Anfang nehmen.

Mit der urkundlich erst 1688 erwähnten Ziegelhütte bei Ravolzhausen nahm eine knapp dreihundertjährige Tradition der Ziegelherstellung ihren Anfang, die bis in unsere Tage zur „RavoTon Klinkerwerke GmbH Neuberg/Hanau“ führte und erst mit der Produktionseinstellung von 1986 ihr Ende fand.

Wie sehr der Ton und die Ziegel die Geschichte von der Region Neuberg und den hier lebenden Menschen prägten, macht der vorliegende Band in beeindruckender Weise deutlich. Die heutigen Neuberger können mit Stolz auf das schauen, was ihre Vorfahren geleistet haben.

Mein herzlicher Dank gilt dem Autor Bodo König, dem es mit seiner „kleinen Geschichte der Ravolzhäuser Ziegelhütte“ gelungen ist, ein gutes Stück lebendiger Erinnerungskultur zu schaffen, um das historische Bewusstsein der Gemeinde Neuberg zu fördern und zu bewahren.

Es sind genau solche Arbeiten, die unser aller Anerkennung verdienen und zu deren Förderung gerne beigetragen wird.

Ihr

Erich Pipa
Landrat

Grußwort von Bürgermeisterin Iris Schröder

Liebe Neubergerinnen und Neuberger,

es freut mich ungemein, dass durch dieses Büchlein ein jahrhundertealtes Kapitel der Ravolzhäuser Geschichte dem Vergessen abgetrotzt werden konnte. So werden nun die Nachgeborenen und unsere Neubürger erfahren, womit ein Großteil der hier lebenden Generationen sein Brot verdiente, unter welch kaum noch vorstellbaren Anstrengungen und Umständen die Menschen den hier so reichlich vorkommenden guten „Lett" zu nutzen wussten.

Die Älteren unter uns, die selbst noch die Gelegenheit hatten, die Produktionsstätte „Ringofen" zu besuchen oder einst gar dort arbeiteten, wissen noch, wie mit harter Knochenarbeit und bei großer Hitze das Endprodukt „Ziegel" hergestellt wurde, ob beim Tonabbau in den bei Ravolzhausen gelegenen Gruben oder am „Ringofen" selbst. Von „guter alter Zeit" jedenfalls war dort nichts zu spüren. Dennoch sollte erwähnt werden, dass an solchen Arbeitsstätten auch erste Integration in der noch jungen Bundesrepublik stattfand: Am „Ringofen" fanden in den 50er Jahren junge Italiener in der damaligen Gemeinde Ravolzhausen Lohn und Arbeit.

Eine Begehung der älteren Ortsteile von Rüdigheim und Ravolzhausen macht noch heute deutlich, was aus den im „Ringofen" geformten Ziegeln (vom Dachziegel bis zu Klinkern und schmalen Platten) entstand und die bereits zuvor mit Lehm erbauten bäuerlichen Fachwerkhäuser ablöste: Es sind, meist in Nachbarschaftshilfe errichtete, kleinere Arbeiterhäuser, Altenteile und Mauern aus roten Ziegeln. Sie sind bis in unsere Tage bewohnt und stellen zu Recht den Stolz ihrer Bewohner dar, auch wenn sie sich neben den weißen Villen der letzten Jahrzehnte eher bescheiden ausnehmen mögen. Gleichwohl dürften auch viele dieser neueren Bauten Dachziegel der ehemaligen Ravoton-Werke tragen. Inzwischen liegen mit Lehm ausgekleidete Ziegel-, Klinker- wie auch Holzbauten wieder im Trend; sie scheinen energiesparsam, wenn auch fast unerschwinglich zu sein.

Dem Autor Bodo König, dem Main-Kinzig-Kreis und der Stiftung der Sparkasse Hanau als Förderer dieser Schrift bin ich von Herzen dankbar dafür, dass sie es ermöglichten, uns die Geschichte des „Ringofens“ wieder zugänglich gemacht zu haben und wünsche ihr viele interessierte Leser, am Ort und im Umland.

Iris Schröder
Bürgermeisterin von Neuberg

Grußwort von Pfarrer Winfried Seibert

ORA ET LABORA! – Bete und arbeite! – hat der Patron Europas und Mönchs-Vater Benedikt von Nursia (480-547) seinen Mitbrüdern ins Stammbuch geschrieben, denn nur beides zusammen macht ein gelungenes menschliches (christliches) Leben aus.

Denn Arbeit gehört zum Menschen.

Wir Menschen leben ja nicht nur um zu arbeiten bis zum Umfallen, sondern wir arbeiten, um an Gottes Schöpfung teilzuhaben, mitzuwirken und uns letztlich selbst zu verwirklichen.

Auch die Ziegelei in ihrer wechselvollen Geschichte hat ja den Menschen in unserer Region nicht nur Brot für den Lebensunterhalt gegeben, sondern auch zu einem menschenwürdigen Leben verholfen.

Jede Arbeit hat eben ihren Wert, wenn sie als Auftrag Gottes und als Beitrag für ein gutes menschliches Miteinander dient. Das wird in der vorliegenden Dokumentation deutlich.

Dank an den Verfasser Bodo König für diese lesenswerte „Kleine Geschichte der Ravolzhausener Ziegelhütte“, die uns einen Einblick in die Vergangenheit der Region und der Menschen gibt.

Winfried Siebert
Pfr. Kath. Pfarrgemeinde Maria Königin in Langenselbold

Vorwort

Wer seine Heimat liebt, muss sie verstehen; wer sie aber verstehen will, muss in ihre Geschichte einzudringen versuchen. (Jakob Grimm, 1785-1863)

Anlässlich der Fusion der beiden ehemaligen Dörfer Ravolzhausen (Koordinaten 50°11'N, 9°O'O9) und Rüdigheim (50°12'12 N, 8°59'O) im Jahre 1971 hat die hessische Landesregierung, vertreten durch den Minister des Inneren in Wiesbaden am 26.4.1971 verfügt, dass mit Wirkung vom 1.4.1971 die bisher selbstständigen Gemeinden zu einer Gemeinde mit dem Namen Neuberg (Höhe: 124-158 m ü. NN) zusammengeschlossen werden.

Der Name Neuberg ist auf die Bezeichnung der Flurnamen in Ravolzhausen *Im Neuenberg* und in Rüdigheim *Am Neuen Berg* zurückzuführen. Diese Flurbezeichnungen finden sich in der Grenzbeschreibung der Gemarkung Rüdigheim aus dem Jahr 1848 und in der katasteramtlichen Gemarkungskarte, die Gewannbezeichnung unter Nr. 58. Sie bilden einen Teil der ehemaligen gemeinsamen Grenze der jetzigen Ortsteile.

Am 8.9.1972 hat der hessische Minister des Inneren der Gemeinde Neuberg die Genehmigung zur Führung eines Wappens erteilt. Es ist von Gold und Rot geteilt, oben drei rote Dachziegel, unten ein silbernes Johanniterkreuz (Taf. 1).

Im früheren Wappen der Ziegelei in Ravolzhausen erscheinen Ziegel. Über Jahrhunderte teilen u.a. diese *Schicksalssteine* mit ihren Ordnung, Identität und Gemeinschaft stiftenden Ideen das Leben ihrer Bewohner. Welche Hinweise ihrer Existenz gibt es, außer denen im Wappen, noch? Welche Bedeutung haben diese *Wahrsteine* noch heute für uns? Es soll Aufgabe der Überlegungen sein, herauszufinden, weshalb die Ziegel von der Gemeindevertretung als ein in der Geschichte gewachsenes wesentliches Erkennungsmerkmal der Gemeinde Neuberg im Wappen gewählt wurden.

Zur Abfassung dieser Schrift war es notwenig, Urkunden einzusehen, zu gewichten und unklare Zusammenhänge aufzuklären. Pflichtgemäß danke ich Herrn Bürgermeister a. D. Uwe Hofmann, der es mir nicht nur ermöglichte, im Archiv der Gemeinde Akten einzusehen und soweit notwendig und für meine Arbeit relevant, die Genehmigung erteilte, sie auch zu veröffentlichen. In ähnlicher Weise fand ich freundliche Unterstützung durch Herrn Dr. Decker von der Fürstlich Isenburgischen Rentkammer in Büdingen, der unter Heranziehung von Bau- und Kirchenrechnungen von Ravolzhausen der Jahre 1531 – 1552, 1564 – 1578, sowie eines Kollektenbuches von 1705 unter BirANr. 11846 (Birstein) und einzelner Kirchenrechnungen ab 1597 unter BüdANr. 575 (Büdingen) mir wertvolle bisher noch nicht veröffentlichte Fakten lieferte.

Fast alle Fotografien von der Ravoton Ziegelfabrik stammen von ihrem langjährigen Betriebsleiter Werner Kehm. Seine tätige Mithilfe bei der Abfassung dieser Schrift und sein Wunsch, damit sein Lebenswerk und das der vielen dort ebenfalls Beschäftigten noch einmal im Spiegel der Gesamtgeschichte von Neuberg an uns allen vorbeiziehen zu lassen, waren mir Motiv und Ansporn zugleich, seine Idee in die Tat umzusetzen.

Der Leser wird dies schnell merken. Die Geschichte der Ziegelverarbeitung ist ein kleiner Teil vom Ganzen. Aber erst diese Sicht erschließt uns das, was unsere Vorfahren hier vorgefunden und was sie daraus gemacht haben und - was sie dabei geworden sind.

Die geschichtliche Entwicklung - Zeitzeugen aus dem Boden

Im Wetterauer- und Kinzigtalbereich, auch hier in Ravolzhausen, liegen unter Lehm, Sand und Geröllschichten ausgedehnte Tonlager. Es waren günstige Voraussetzungen für das Handwerk der Tonwarenherstellung, der *Dippemacher*, der *Backsteinmacher*, *Ziegler* und der *Russenbrenner*.

Die Ziegelbrenner der Ziegelhütten finden sich symbolisiert durch die Ziegel in unserem Wappen wieder. Sie können bis ins Mittelalter hinein zurückverfolgt werden.

Bereits im Neolithikum (6. Jahrtausend bis um 1800 v. Chr.) weisen im beschriebenen Bereich Funde der Bandkeramiker auf eine Tonwarenherstellung aus dem natürlichen Rohstoff der heimischen Erde in Töpferzentralen hin.[1] Die Töpferwaren wurden aus sorgfältig geschwemmtem Ton in meist grauer Farbe und auffallend hartem Brand hergestellt. Ihr Name leitet sich von den besonders einheitlichen bandartigen Verzierungen ab.[2]

Das Wasser bindet den Rohstoff während der Aufbereitungsphase und des Formungsprozesses. Nur ausreichend feuchte Rohstoffe sind formbar. Die Luft entzieht dem gepressten Ziegelformling das Wasser. Dadurch entstehen luftgefüllte Poren. Der Ziegel trocknet. Das Feuer gibt dem Ziegel seine endgültige feinporige Struktur sowie seine Dauerhaftigkeit und Härte. Alle vier Elemente sind am Entstehen des Dach- und Mauerziegels beteiligt: Feuer, Wasser, Erde und Luft. Der Ziegel kann allen Elementen trotzen: Sonne, Sturm, Regen, Eis und Schnee und dem Zahn der Zeit!

Die Entwicklung der Dachziegel erfolgte in chronologischen Stufen. Hervorgegangen ist sie aus der uralten Kunst des Brennens keramischer Scherben, die seit über 25.000 Jahren bekannt ist.

[1] R. Dietrich, Sie siedelten vor über 7000 Jahren, Hanauer Anzeiger 18.10.1986.
[2] O. Kunkel, Oberhessens vorgeschichtliche Altertümer, Marburg 1926, sowie eine Broschüre der Arbeitsgemeinschaft Ziegeldach e.V., Bonn, Druck: Zippel Graphische Betriebe, Heppendorf, unbekannten Datums.

Die ältesten überlieferten Keramiken waren Kultfiguren, die etwa um 22.000 v. Chr. in Mähren, also nicht weit von unserer unmittelbaren Heimat, geschaffen wurden. Für das Bauen wurde der Mauerziegel in gebrannter Form etwa 5.400 v. Chr. in Knossos auf Kreta entdeckt. 2.300 v. Chr. ist das erste Auftreten von Dachziegeln auf dem Haus des Zieglers in Miloy bei Argos/ Griechenland zu verzeichnen. Dachziegel aus gebranntem Ton sind seit über 4.000 Jahren in der Welt bekannt. Griechen und Römer deckten ihre Tempel und Häuser mit Ziegeln und so waren es auch die Römer, die den Dachziegel und auch den Mauerziegel in unserer Heimat einführten. 750 v. Chr. gab es gebrannte Dachziegel auf etruskischen Bauten. In der jüngeren Eisenzeit, etwa seit 500 v. Chr., kam durch die Kelten die Töpferscheibe in Gebrauch.

Um das Jahr 80 gab es die Gründung der großen Zentralziegeleien (Militärziegeleien) der römischen Legionen im besetzten Germanien an Rhein und Donau. Im Jahr 763 konnte beim Bau des Klosters Altenmünster bei Lorsch die Verwendung von Dachziegeln historisch nachgewiesen werden. Im Jahr 794 erlässt Karl der Große auf der Frankfurter Synode Kapitularien (königliche Gesetze) und schreibt im Kapitel 26 Ziegel als allgemeine Dachbedeckung für seine Wirtschaftshöfe vor. Um das Jahr 1010 erfindet der Bischof Bernward von Hildesheim der Legende nach den Krempziegel und um ca. 1050 finden Haken und Preisen, später Mönch-Nonne-Ziegel Verwendung (Abb. 1). Daneben gab es gemäß der römischen Tradition die aus dem Mittelmeerraum überkommenen Hohlziegel, die den heutigen Mönch- und Nonnenziegeln entsprechen und die im Wesentlichen für Kulturbauten, Kirchen und Klöster verwendet wurden. Um 1080 entsteht der Flachziegel, der heutige Biberschwanzziegel, die für unsere Heimat typische Dachziegelform.

Erst im Mittelalter entwickelte sich in unserem Gebiet das Töpferhandwerk.[3] In der 2. Hälfte des 16. Jh. fand es seinen Höhepunkt. In Hessen gab es dies bis ins 19. Jh. Die Töpfer nannten sich auch *Hafner* oder *Euler*. Die Schalen, Schüsseln, Töpfe, Vasen, Krüge, Kannen usw. wurden in Brennöfen gebrannt.

Den Ton bezog man aus Tongruben, die auch als *Erdkauten* bekannt waren. Die Geschirr- und die sonstigen Töpferwaren wurden durch fliegende *Dippehändler* verkauft.

Die germanische Kultur wurde durch den Einfluss der Römer in den Jahren von etwa 60 v. Chr. bis zur Aufgabe des obergermanischen Limes, der befestigten Grenze der römischen Provinz Germania Superior, um 260 n. Chr.[4] in hohem Maße von diesen beeinflusst. Die Grenze verlief gemäß Abb. 2 westlich von Ravolzhausen in genau nördlicher Richtung. Abb. 3 zeigt die verschiedenen Bauwerke.

In unsere Sprache flossen römische Begriffe wie *murus* (Mauer), *fundamentum* (Fundament) u.a.m. ein. Selbst der Ziegel leitet seinen sprachlichen Ausdruck vom lateinischen *tegula* her.

Bodenfunde aus der Stein-, Bronze-, La Tène- und der Römerzeit beweisen in unserem Gebiet das Vorhandensein einer eifrigen Siedlungstätigkeit.[5] Ein gesonderter Bericht über die gemeinsamen Funde, der die beiden Ortsteile Ravolzhausen und Rüdigheim umfasst, sollte in der Zukunft von hierzu berufener Stelle gedeutet und geschichtlich exakt eingeordnet, geschrieben werden.

[3] G. Wolff, Die südliche Wetterau in vor- und frühgeschichtlicher Zeit, herausgegeben von der Römisch-Germanischen Kommission des Kaiserlichen Archäologischen Instituts, Frankfurt am Main, 1913 (mit einer archäologischen Fundkarte); D. Baatz/F.-R. Hermann (Hrsg.), Die Römer in Hessen, Stuttgart 1982.

[4] F. Lorscheider, Abschlussbericht zur Grabung in Neuberg-Ravolzhausen EV-21/04 „Am Limes" im Auftrag des Landesamtes für Denkmalpflege, Wiesbaden. Die Grabungen wurden vom 18.8.2004 bis zum 28.10.2004 durchgeführt. Dem Bericht ist ein ausführliches weiterführendes Literaturverzeichnis beigefügt.; E. Fabricius, Der obergemanische-raetische Limes des Römerreiches (im Auftrag der Limeskommission), Abteilung A, Band II 1, Strecke 4 und 5, Verlag von Otto Petters, Berlin und Leipzig 1936; C. Blümlein, Bilder aus römisch-germanischen Kulturen, 2. Verbesserte Auflage, Verlag R. Oldenbourg, München/Berlin 1926; H. Bott, Alte Straßen der Römer und Franken, Aus der Geschichte des Kreises Hanau in: Hessen – Mensch und Raum, Band 1, Mühlheim/Main 1963 (Giese Druck Offenbach/Main).

[5] F. Häuser, Versuch einer Datierung der Funde aus dem Paläolithikum im Kreis Hanau, Bericht in der Wetterauischen Gesellschaft Hanau, S. 19 – 41, 115 – 116 JG, 1.10.1963; Fundberichte beim Main-Kinzig-Kreis, Kreisarchäologie, und beim Hanauer Geschichtsverein.

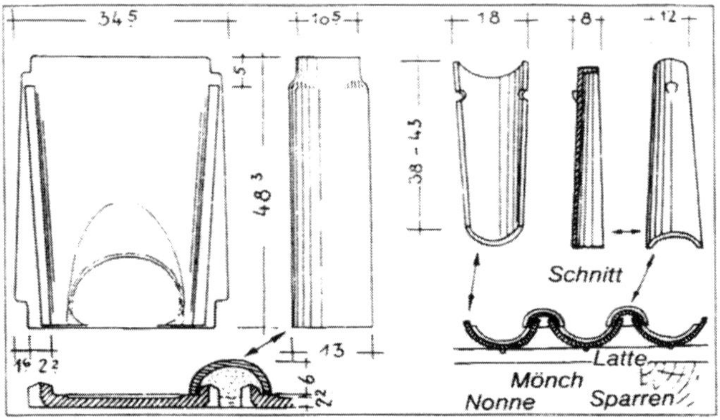

Mönch- und Nonneziegel seit Römerzeiten

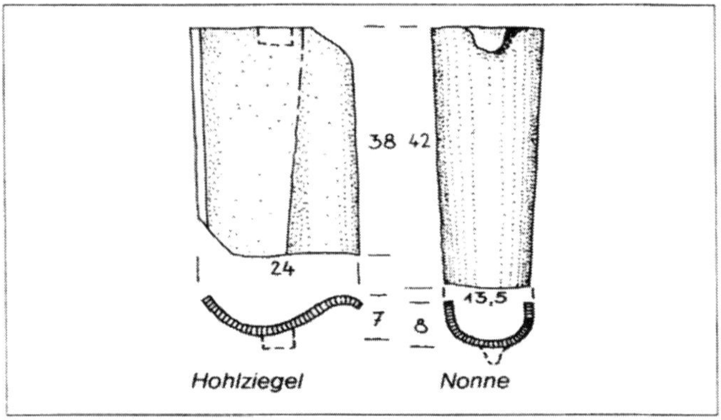

Hohlpfannen

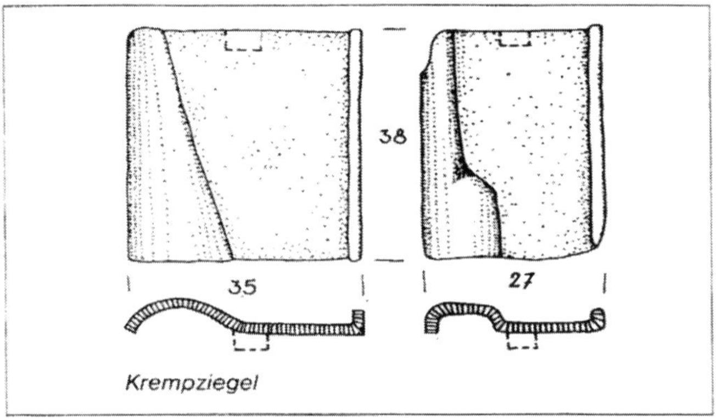

Kremper

Abb. 1: Alte deutsche Dachziegelformen

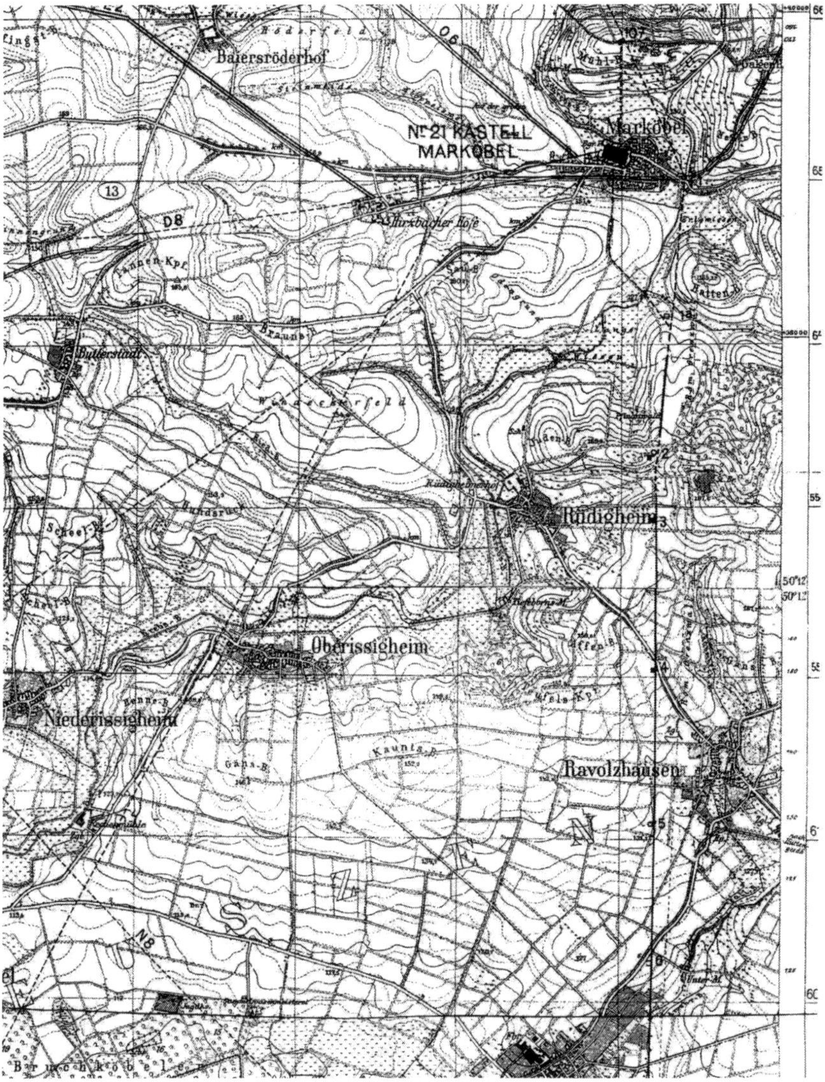

Abb. 2: Verlauf des Limes

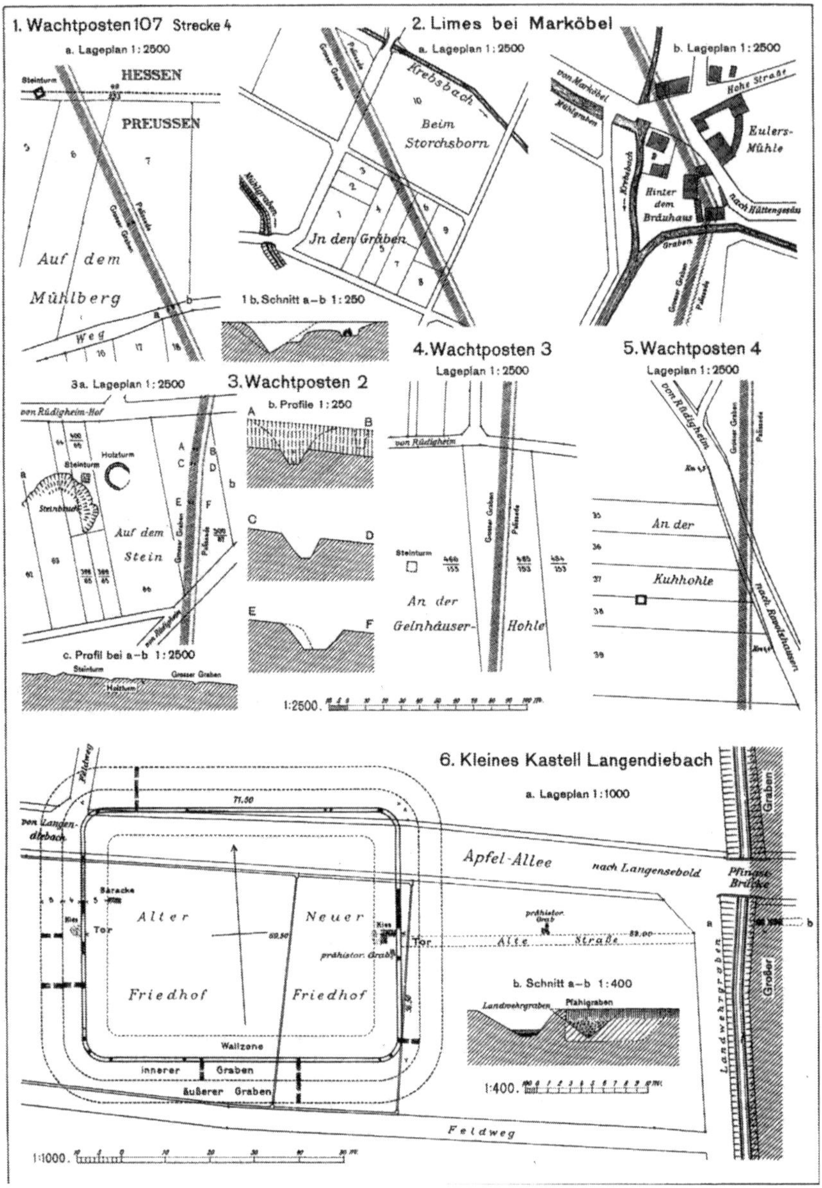

Abb. 3: Die verschiedenen Bauwerke im bekannten Abschnitt, aus: Obergerm. Raet. Limes A Bd. II

In römischen Ziegel- oder Töpferöfen wurden neben Dachziegeln, Fußbodenplatten, Heizröhren, Wasserleitungsröhren auch Gebrauchskeramiken hergestellt, was in Rückingen und Großkrotzenburg nachgewiesen werden konnte. In Nied bei Höchst am Main sorgten römische Zentralziegeleien für den Nachschub der gesamten römischen Truppen in Obergermanien.

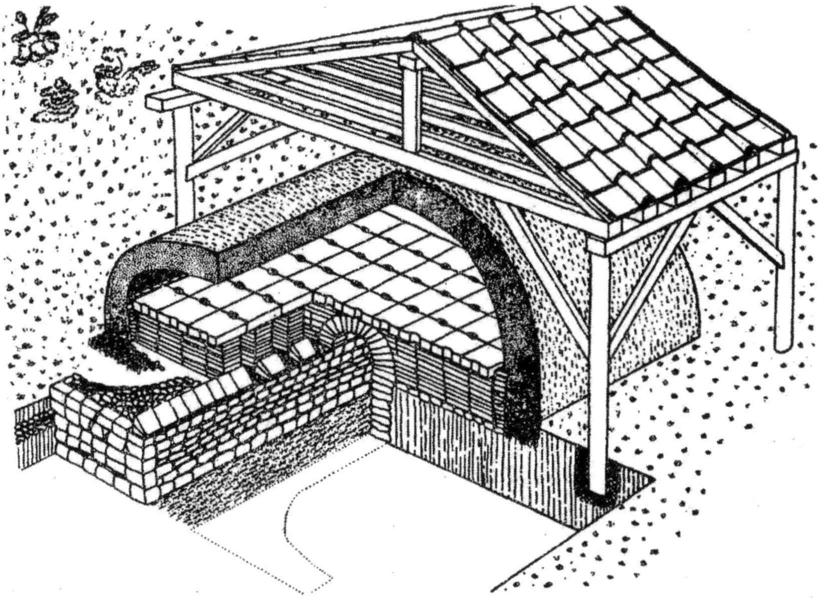

Abb. 4: Rekonstruktion eines römischen Ziegelofens in Großkrotzenburg[6]

[6] Grabungsinfo Nr. 7, Ein Führer zur Ausstellung „Neue Bodenfunde im Main-Kinzig-Kreis 1983“ entnommen. Herausgegeben wurde sie vom Hanauer Geschichtsverein e. V. (Arbeitsgruppe Vor- und Frühgeschichte) Hanau, Eigendruck, Stadtverwaltung Hanau.

In der Geschichtsschreibung wird noch eine andere Quelle für das Auftreten von Ziegeln genannt. Hier schreibt man die Erfindung des Ziegels wie die der Schrift (Keilschrift) den Sumerern zu. Sie waren um etwa 4000 v. Chr. in dem Zweistromland an den Euphrat und Tigris gekommen. Es war die Zeit, in welcher der sagenhafte König Gilgamesch in seiner Stadt Uruk (heutiges Werka), der bedeutendsten Stadt Mesopotamiens in sumerischer Zeit, herrschte. Die Bauten seiner Paläste wurden mit sonnengetrockneten Ziegeln gebaut.

Als die Genesis aufgezeichnet wurde, wurden die Ziegel nicht mehr in der Sonne getrocknet. Im 1. Buch Mose (Kap 11, 3) heißt es: *„Wohlan, wir wollen Ziegelsteine formen und hart brennen.“*

Beginn einer Baustein- und Tonwarenindustrie im 13. Jahrhundert

Mit dem Aufkommen der Steinhäuser in den Städten und dem Decken der Dächer mit Ziegeln wurde es notwendig, den Bedarf an gebrannten Bau- bzw. Backsteinen und Ziegeln durch eine Baustein- und Tonwarenindustrie zu decken. Dies begann erst im 13. Jh. In Frankfurt am Main wurden im Jahr 1290 Ziegler erwähnt. In unserem Gebiet setzte die Massenherstellung von Ziegeln viel später ein.

Aus einem Aufsatz von A. Höck, *Von der alten Ziegelhütte in Lohrhaupten*, im Heimat-Jahrbuch des Kreises Gelnhausen von 1969 ist zu entnehmen, *dass die Förderung von Ziegelhütten durch Behörden dazu gedacht war, dass Landbewohnern vor allem das feste Deckungsmaterial ohne weiteren Transport anzubieten*. Die damals mit Stroh bedeckten Fachwerkhäuser bedeuteten bei Ausbruch eines Feuers eine stete Gefahr für Leib und Gut.

In der Grafschaft Hanau stellte die Rentkammer die Konzession für die Ziegelbrennereien aus. Als Beispiel dient die Gemeinde Lohrhaupten, für die die weitere Bewilligung zum Herstellen von Ziegeln und Backsteinen am 23. November 1730 in Hanau ausgestellt wurde:

> *Bey alhiesiger Hochgräfl. Renth-Cammer hat die Gemeinde Lohrhaupten, auf ihr geziemendes Ansuchen, auf drey Jahr, nehmlich von Petri dieses bis dahin des 1733ten Jahrs die fernere Verwilligung erhalten, daß weilen auß Herrschaftl. gnädst. (=gnädigstem) Befehl im gantzen Landte, mithin auch im Ambt Lohrhaupten, die Strohdächer gäntzlich abgeschaffet und die gebäu mit Ziegel gedecket werden sollen, Sie in Ihrer erbaueten Ziegel-Hütte fernerhin Ziegel und gebacken stein brennen, auch die Ziegel-Erde an Orth und Endten, alwo es gnädigster Herrschaft ohne schaden seyn kann, graben, das benöthigte Brennholtz darzu erkaufen, und im übrigen gute Ziegel und steine, womit*

männiglich wohl versorget seye, machen: Hingegen aber gnädigster Herrschaft zu jährl. Zinß Ein Dausend Ziegel und Ein Tausend gebacken stein entweder in natura oder in Geld, jedoch 1000 mit Fünff Gulden, jedoch daß gnädigster Herrschaft die Wahl verbleiben, in die Kellerey Bieber ohnweigerlich zahlen soll;
Urkundlich des hierfür getruckten Hochgräfl. Rent-Cammer Secrets.

In vielen Orten des Main-Kinzig-Kreises wurde der Lehm im so genannten Feldbrandverfahren zu Ziegeln und Backsteinen verarbeitet. Man entzog dem Lehm durch Schlemmen mit Wasser und tüchtigem Durcheinanderarbeiten einen Teil des Sandgehaltes. Dann formte man ihn mit der Hand, presste ihn in Holzformen, trocknete ihn vorher an der Luft und brannte ihn dann in Meilern oder einfachen Ziegelöfen.

Ortsnamen wie *Ziegelhütte, Ziegelhaus, Ziegelgärten* oder Flurbezeichnungen wie *an der Lattkaute, der Lehmen- oder Leimengrube, bei der Lehmgrube, am Lettloch, auf der Letthohle* deuten noch heute auf die Verarbeitung oder Tonlager in früheren Zeiten hin. Im Lagerbuch der ehemaligen Gemeinde Ravolzhausen und auch in Rüdigheim finden sich solche Bezeichnungen.

In den Jahren 1984/1985 hatte ich das Lagerbuch in unsere jetzt gebräuchliche Schrift übertragen. Diesen Text hatte ich der Gemeinde Neuberg zur Verfügung gestellt. Bei meinen heimatgeschichtlichen Nachforschungen erfuhr ich Unterstützung durch den Bürgermeister bei der Beschaffung von im Besitz der Gemeinde befindlichen Archivalien. Ich gehe davon aus, dass die Gemeinde Neuberg auch weiterhin geschichtsinteressierten Personen sowohl das in Leseschrift übertragene Lagerbuch der ehemaligen Gemeinde Ravolzhausen als auch das Archiv der ehemaligen Gemeinde Rüdigheim zur Verfügung stellen wird, um durch diese wenigen Unterlagen, ausgenommen einmal die hier weiter genannten Urkunden, das

Abb. 5: Ziegelstreichen

historische Bewusstsein der Gemeinde Neuberg zu fördern und zu bewahren.

Die Vorblätter der hier interessierenden Bücher bzw. Akten habe ich als Tafeln 2-4 mit dazu gehörendem Bild auf Tafel 5 in Verkleinerung beigefügt. Die Urkunden aus Rüdigheim (Tafeln 4 und 6) hatte im Jahr 1985 entgegenkommenderweise Frau Stadtarchivarin Monika Rademacher, Hanau, übersetzt.

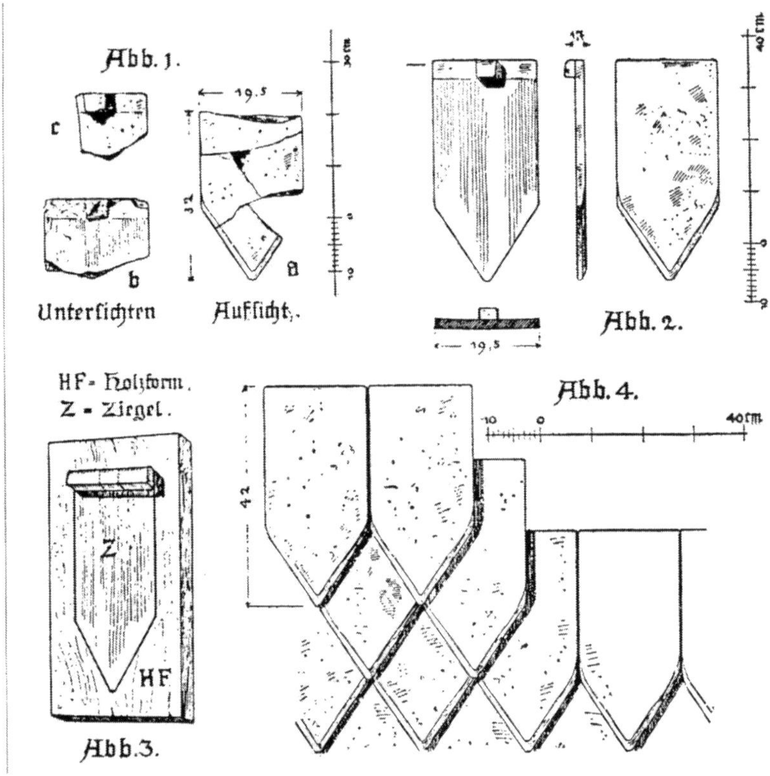

Abb. 6: Biberschwänze Ende des 12. Jahrhunderts n. Chr., Wetzlar, Dom.

Zeittafel zur Vor- und Frühgeschichte Niederhessens

Ungefähre Daten	Zeitabschnitte		Hessen/Süddeutschland	Niederhessen
1500 n. Chr 1000 n. Chr	Hoch- und Spätmittelalter			
900 n. Chr	*Frühes Mittelalter*	Ottonische Zeit	Ottonen	Knradiner
720 n. Chr		Karolingerzeit	Karolinger	Karolinger
500 n. Chr		Merowingerzeit	Franken	Einbeziehung in das Frankenreich
375 n. Chr		Völkerwanderungszeit	Alamannen	Germanen (Chatten u. a.)
175 n. Chr	*Römische Kaiserzeit*	Jüngere	260 Fall des Limes	
Chr. Geb.		Ältere	Römerzeit	
450 v. Chr.	*Eisenzeit*	Jüngere	Latènezeit Stufe A-D Kelten	Latènezeit
750 v. Chr.		Ältere	Hallstattzeit Stufe Ha C/D	Ältere Eisenzeit (Hallstattkultur)
1100 v. Chr.	*Bronzezeit*	Jüngere	Urnenfelderzeit Stufe Ha B Stufe Ha 2/B Stufe BZ D Ha A1	Jüngere Bronzezeit (Urnenfelderkultur)
		Mittlere	Stufe Bz C Hügelgräberzeit Stufe Bz B	Ältere Bronzezeit (Hügelgräberkultur)
1700 v. Chr.		Frühe	Frühe Bronzezeit Stufe Bz A	Becherkultur
2000 v. Chr.	*Jungsteinzeit (Neolithikum)*	Spät-bzw. End-	Glockenbecher Schnurkeramik/ Einzelgrab-Kultur	
		Jung-	(Wartberg, Goldberg III, Horgen) Michelsberg	Wartberg-Gruppe Michelsberg
		Mittel-	Bischheim Rössen Großgartach	Rössener Gruppen
5000 v. Chr.		Alt-	Hinkelstein Linearbandkeramik	Bandkeramik

Zeittafel zur Vor- und Frühgeschichte Niederhessens

6000 v. Chr.	*Mittelsteinzeit (Mesolithikum)*	Jüngere	(Tardenoisien)	Mikrolithische Kultur
8000 v. Chr.		Ältere	Beuronien	
10000 v. Chr.	*Altsteinzeit (Paläolithikum)*	Spät-bzw. End-	Federmessergruppe	Federmessergruppe
40000 v. Chr.		Jung-	Magdalénien Gravettien Aurignacien	Klingenkultur
200000 v. Chr.		Mittel-	Micoquien Moustérien	Faustkeilkultur
1 Mil. v. Chr.		Alt-	Acheuléen Prae-Acheuléen	Grob- und Geröllgerätekultur

Abb. 7: Zeittafel zur Vor- und Frühgeschichte Niederhessens[7]

[7] Aus: Führer zu archäologischen Denkmälern in Deutschland. Der Schwalm-Eder-Kreis, Theis Verlag, Stuttgart 1986.

Die urkundliche Ersterwähnung einer *bey Ravoltzhaußen* stehenden Ziegelhütte von 1688 und ihre Entwicklung bis 1848

Aus der Urkunde (Tafel 7) des Archivs der Fürst von Isenburgischen Rentkammer in Birstein vom 23. Februar 1688 ist zu entnehmen, dass eine bey Ravoltzhaußen stehende Ziegelhütte erwähnt wird. Diese Urkunde wurde im Auftrag des damaligen Grafen Wilhelm Mauritz zu Isenburg-Büdingen (1657-1711) von dem Pfarrer Johann Heinrich Lammersdorff zu Langendiebach[8] niedergeschrieben.

Der Pfarrer konnte und durfte dies auch, denn um 1607 hatte der Landesherr durchgesetzt, dass die bis dahin als Filial von Rüdigheim betreute Kirche in Ravolzhausen künftig von dem Pfarrer in Langendiebach mit betreut wird.[9] Im Jahr 1687 verfügte die Standesherrschaft in Ysenburg-Birstein, dass in Ravolzhausen ein eigener Pfarrer angestellt wurde. Dem Pfarrer von Langendiebach blieb von dieser Zeit an allein die Betreuung der Pfarrgemeinde von Langendiebach und der Ronneburg. Doch ging wegen des Verkaufs der Ronneburg an die Büdinger Linie im Jahre 1698 die seelsorgerische Betreuung der Ronneburg wenige Jahre später auf die benachbarte Gemeinden über.

Ich möchte das Umfeld ein wenig genauer schildern. Ist doch für und nach Augustinus die Zeit ein menschliches Bewusstseinsphänomen. Gleichzeitig wird auch die andere im Wappen aufgezeichnete Bedeutung dadurch einsichtig.

1696 wurde Ravolzhausen zur selbstständigen Pfarrei unter dem Patronat des Fürsten von Isenburg-Birstein erhoben.[10] Seit 1930 ist Rüdigheim mit der Pfarrei Ravolzhausen verbunden.

[8] Pfarrer Lammersdorf aus Zweibrücken war von 1676 bis 1720 Pfarrer in Langdiebach. Vor seiner Amtszeit in Langendiebach war er Praeceptor (Lehrer) an der Hohen Landesschule in Hanau. Der Kaufvertrag selbst oder weitere diesen Akt belegende Urkunden lagen mir nicht vor.

[9] H. und W. Heckmann, Aus der Geschichte der Kirchengemeinde Langendiebach, 1985

[10] Hochhuth, S. 765 f.

Der gegenwärtige Patron ist der Fürst zu Isenburg-Birstein. Die Katholiken sind nach Langenselbold eingepfarrt.

Erstmalig wurde im Jahr 1289 eine Kapelle (Reimer, S. 586, Nr. 676) und im Jahr 1355 eine Kirche (Reimer, 3. Bd., Ziff. 161) in Ravolzhausen erwähnt. Der Ort selbst ist seit dem Jahr 1228 bekannt (Reimer I, 168). Ravolzhausen war ein Dorf des Gerichts Langendiebach bzw. der Cent Langenselbold (ein Reichsgericht). Im Jahr 1313 gehörte der Ort mit Vogtei und Gerichtsbarkeit zur Burg Ronneburg, als Gottfried von Brauneck diese an Mainz verkaufte. Ravolzhausen kam mit der Ronneburg im Jahr 1476 als mainzisches Lehen an Isenburg.

Bis zum Jahr 1462 gehörte Ravolzhausen zum Erzbistum Mainz, dann kam es an Ysenburg. Bis 1607 (1639) war Ravolzhausen nach Rüdigheim eingepfarrt, dann wurde es von Langendiebach kirchlich versehen. Die Kirche gehörte bis zum Jahr 1659 als Filial zu Rüdigheim. Die dortigen Johanniter besaßen das Patronatsrecht (Wirdtwein, D 8, 135). Dann wurde sie Langendiebach unterstellt.

Im Jahr 1738 wurde die jetzige Kirche eingeweiht und im Jahr 1862 erstmalig erneuert. Die Jahreszahl 1739 befindet sich auf dem Wappenstein über dem Eingangsportal. Das Portal der im schlichten Barock erbauten Kirche trägt das Ehewappen Isenburg/Isenburg – der Landesherr zur Zeit der Erbauung, Wolfgang Ernst von Isenburg-Birstein, war in der dritten Ehe seit 1725 mit Charlotte Amalie von Ysenburg-Meerholz vermählt.

Aus der Schrift des Pfarrers aus Langendiebach geht hervor, dass die Ziegelhütte 1688 vom Fürsten von dem Schaffner (dem Verwalter der Kommende) Johann Jost Christ zu Rüdigheim für 26 fl. (Gulden) samt dem zugehörigen Instrument und einem Brennofen gekauft wurde. Dieser Schritt war folgerichtig. Wird doch Ravolzhausen im Jahr 1363 isenburgisch. Es gehörte vorher zum Erzstift Mainz.

Nach der Reformation in Hanau im Jahr 1548 wohnten keine Ordensritter der Johanniter und auch keine Mitglieder der Bruderschaft mehr in Rüdigheim. Die Reformation hatte bekanntlich mit Luthers Veröffentlichung der 95 Thesen gegen den Ablasshandel in Wittenberg am 31.10.1517 begonnen. Im Jahr 1548 trat Graf Philipp III. von Hanau zur protestantischen Kirche über. Nach dem Grundsatz, *Wie die Religion des Landesfürsten, so auch die Religion der Untertanen*, mussten auch die Einwohner seiner Grafschaft die neue Lehre annehmen.

Der Dreißigjährige Krieg (1518-1548) hatte Rüdigheim fast vollständig zerstört. Die Glocken und die Kirchenuhr wurden ebenfalls zerstört. Bei einer am 1. Mai 1657 erfolgten großen Feuersbrunst flog zusätzlich noch ein brennendes Strohbündel auf das Kirchendach. Das Dach brannte ab.

Am 16. Mai 1665 beantragten die Räte des Evangelisch Reformierten Consistoriums zu Hanau bei dem Komtur Freiherr Reinhard Giesbert von Capell die Wiederanschaffung einer Schlaguhr, ohne welche eine Kirche „nicht wohl sein kann". Dem Antrag wurde vom Komtur entsprochen und die Schlaguhr im Jahr 1692 durch den damaligen Schaffner Johann Jost Christ beschafft.

Mitten in diesem Krieg wurde Ravolzhausen bis auf wenige Leute durch die Pest fast völlig entvölkert. 1700 wohnten noch 65 Menschen in Ravolzhausen.

Nach einem Eintrag im Ortstagebuch der Gemeinde Rüdigheim vom 16. Mai 1611 haben (wahrscheinlich nach der veränderten Lage) der Schultheis und die Geschworenen sich von dem Orden, der nach wie vor katholisch blieb, distanziert. Das ehemalige Ordensgut wurde von einem eingesetzten Verwalter, eben dem Schaffner, bewirtschaftet. Die Johanniter-Commende Rüdigheim wurde im Jahr 1648 mit der Kommende von Frankfurt vereinigt. Das Vermögen der früheren Kommende Rüdigheim wurde bis zum Jahr 1806 weiterhin durch einen Schaffner verwaltet.

Der Johanniter-Orden konnte vor der blinden Zerstörungswut der *neuen* Religion einen goldenen Kelch und 8 Messingleuchter retten. Das äußere Gesicht des Kircheninneren der Rüdigheimer Kirche wurde der neuen Zeit *angepasst*.

Die Hanauer Grafen traten 1596 zum reformierten Bekenntnis über.

Die Einwohner von Rüdigheim bekannten sich damals mehrheitlich zur reformierten protestantischen Kirche, die aus der Reformation Zwinglis und Calvins hervorgegangen war. *Der Unterschied zu den lutherischen Kirchen (Lutheraner) betraf das Abendmahl. Die Prädestinationslehre ist auf reformiertem Boden zunächst streng festgehalten, in der lutherischen Lehre bald zurückgestellt worden. Sie hat auch die politische Haltung der Reformierten bestimmt: Als Erwählte Gottes in dieser Welt kämpften sie für seine Ehre.*[11]

An den Schaffner Jost Christ (von Neukirchen bei Ziegenhain) bzw. an seine am 9. August 1691 verstorbene Ehefrau Anna Regina Christ, geborene Grimm, eine Urahnin des in Hanau geborenen bekannten Dichters und Märchensammlers Jakob Grimm und seiner Brüder, erinnert u.a. noch eine im Jahr 1696 aufgestellte Gedächtnissäule in der Johanniter Kirche in Rüdigheim (Tafel 8). Anna Regina Grimm wurde 1634 als Tochter des Johannes Grimm in Bergen geboren.

Ein Aufsatz von Gerhard Bott[12] aus dem Jahr 1958 hilft weiter. Als im Jahr 1642 die Grafen von Hanau-Münzenberg ausstarben, fiel die Grafschaft nach der Erbfolge an das Haus Hanau-Lichtenberg. Es gehörte der lutherischen Konfession an. Damit war auch die Gründung lutherischer Gemeinden begünstigt.

1670 wurde in Rüdigheim eine lutherische Gemeinde gegründet. Sie trennte sich 1683 von der reformierten Gemeinde und baute eine eigene Kirche im barocken Stil. Der Streit der beiden Glaubensrichtungen zog sich hin, bis 1819 die Hanauer Union die beiden Gemeinden in der evangelisch unierten Kirchengemeinde Rüdigheim wieder vereinte. Die zweite Kirche wurde abgerissen.

Wenden wir uns wieder der Ziegelei zu. Da es zu dem erwähnten Kaufvertrag gekommen war, steht somit auch fest, dass bereits vorher ein Betrieb zur Ziegelherstellung bestanden haben muss.

[12] *F.A. Brockhaus, 6. Auflage, Wiesbaden 1979.*
[13] *G. Bott, in: Frankfurter Rundschau vom 12.6.1958.*

Herr Werner Kehm (geb. 3. 3. 1920 in Erlensee-Langendiebach, verst. 28.3.2011 in Hanau) war vom 1. Juni 1949 bis zum März 1983 Angestellter der Ravoton Klinkerwerke in Ravolzhausen – die meiste Zeit davon als technischer Leiter und später bis zum Schluss als technischer Gesamtverantwortlicher. Obwohl bereits im Altersruhestand hat er vom Dezember 1983 bis Juli 1988 die Stilllegung der Firma im vorgegebenen Ordnungsrahmen durchgeführt.

Im Verlauf der Geschichte werde ich auf seinen Lebenslauf, den er in einem selbst geschriebenen Heft herausgegeben hat, seine Erfahrungen im Ravoton-Werk und seine hiervon angefertigten Fotografien zurückkommen. Er hat mir glaubhaft versichert, dass nach seiner Akteneinsicht im fürstlichen Rentamt Birstein im Jahr 1983 der Fürst zu Isenburg-Büdingen die *Ziegelhütte* in Ravolzhausen bereits im Jahr 1686 betrieben hat. Sie soll von hier ansässigen Bauernfamilien als Lehen betrieben worden sein. Dies haben die Nachforschungen bestätigt.

Seinen Notizen liegt ein eindrucksvolles Bild von Ziegelarbeitern, ein um 1600 entstandener Holzschnitt, bei, welches sich im Besitz des Bundesverbandes der Ziegelindustrie (Dipl.-Ing. Müller Glodde) befindet. Exemplarisch zeigt es die Mühen und Widrigkeiten, mit denen dieser Handwerkszweig damals zu kämpfen hatte.

Abb. 8: Ziegelarbeiter, um 1600 n. Chr. entstandener Holzschnitt

1699 wird die Ziegelhütte dem Johann Adam Weber, Wirt und Ziegler zu Ravolzhausen, für jährlich 110 Gulden auf Lebenszeit verliehen. Nach dessen Tod erhält diese dessen Witwe Anna Katharina ab 1716 auf 6 Jahre für jährlich 110 Gulden Erbleihpacht. Für die Folgezeit erscheinen als Erbbeständer auf der Hütte folgende Ziegler mit entsprechender Summe ihrer jährlichen Erbleihpacht:

Ab 1724	Jakob Ellermann, Ravolzhausen	100 fl.
Ab 1729	derselbe	80 fl.
Ab 1733	Ziegler Eckert, Rückingen	75 fl.
Ab 1738	Marx Hofmann, Ravolzhausen	75 fl.
Ab 1742	derselbe	70 fl.
Ab 1744	derselbe	50 fl.
Ab 1746	Johann Heinrich von Kritz, Ravolzhausen	64 fl.
Ab 1752	derselbe	50 fl.
Ab 1754	derselbe	59 fl.
Ab 1756	Johann Heinrich Weber, Ravolzh.	39 fl.
Ab 1758	derselbe	65 fl.
Ab 1765/70	Nikolaus Göbig, Herrn-Hag	80 fl.
Ab 1771	Ehefrau des Nik. Göbig und Angelica Elisabeth und deren ältesten Sohn Johann Michael Göbig	80 fl.

1776 am 12.12. wird die Ziegelhütte Ravolzhausen an die *Zieglerin* Angelica Elisabeth Göbig und deren ehelichen Nachkommen gegen Zahlung von 500 Gulden für das Erbleihrecht als Erbleihe übergeben (Tafel 9 ff.). Nach dem Tod der Zieglerin Göbig am 31. März 1777 übernimmt deren ältester Sohn Michael Göbig die Ziegelei. 1799 bittet Göbig den Fürsten in Birstein um Gewährung eines Darlehens von 400 fl. gegen gerichtliche Verpfändung der Erbleihe. Im Jahr 1796 hatten ihm die Franzosen infolge der kriegerischen Umtriebe alle Latten und Gestelle für den Brennofen, Dielen und den gesamten Brennholzvorrat weggenommen, und der Sturm im Jahr 1799 hatte große Schäden angerichtet.

Das Darlehen wird mit der Auflage der Rückzahlung innerhalb von 6 Jahren bewilligt.

Im Herbst 1813 brachten napoleonische Truppen, die sich auf dem Rückzug befanden, Typhus mit nach Deutschland. Der 9. Teil der Bevölkerung von Ravolzhausen starb daran. Auch 10 französische Soldaten, die daran gestorben waren, mussten auf Gemeindekosten beerdigt werden. Die allgemeine Hungersnot verstärkte sich noch, da erst die Franzosen und später die Russen im Dorf Quartier nahmen.

Am 4.4.1829 zeigt die Kellerei Selbold den Tod des Zieglers Göbig an. Am 27.4. 1829 bestimmt die Witwe des Vorgenannten ihre 25-jährige Tochter Anna Maria zur Übernahme der Erbleihe. Am 28.11.1831 erfolgt die Übertragung auf Anna Maria Göbig. Am 9.5.1836 verkaufen die Eheleute Konrad Bauer und Anna Maria, geb. Göbig, die Ziegelhütte an den Gastwirt Johannes Claus und an Georg Klein in Ravolzhausen für 2.300 fl. Der entsprechende Revers wurde nach erfolgter Genehmigung durch den Fürsten Wolfgang Ernst III. von Isenburg und Büdingen am 21.2.1837 von Claus und Klein unterzeichnet.

Aufgrund von Erbleih-Auseinandersetzungen zwischen den Beteiligten in den Jahren 1848 bis 1851 stellt das kurfürstliche Justizamt in Langenselbold am 20. September 1851 eine gerichtliche Bescheinigung aus. Sie besagt, dass aufgrund des zwischen dem Fürsten Wolfgang Ernst III. von Isenburg und den Erbleihbesitzern Johannes Claus und Johannes Tag V. unter dem 16. Mai bzw. 24. Mai 1851 abgeschlossenen Entschädigungs- und Ablösungsvertrages die Besitzer der Ziegelhütte eine Entschädigung von 1716 fl. 56 x an den Fürsten zahlen. Der Fürst Wolfgang Ernst dagegen unter Bezug auf die §§ 1 und 2 des Gesetzes vom 26. August 1848 auf alle aus dem früheren Erbleihverhältnis herrührenden ständigen und unständigen Leistungen Verzicht leistet und die fragliche Erbleihabgeltung als volles Eigentum der genannten Ziegelhüttenbesitzerin erklärt.

Das Lagerbuch der Gemeinde Ravolzhausen klärt dementsprechend am 13. August 1851, 28.2.1852, 26.7.1852 über die Vermögens- und Eigentumsverhältnisse auf.

Im Contrahentenbuch des Justizamtes Langenselbold für die Gemeinde Ravolzhausen ist am 9. März 1852 der Verkauf des Anteils Tag an Claus eingetragen. Er ist damit Alleineigentümer der Ziegelei mit Zubehör.

Nach einem Schreiben der Ziegeleiberufsgenossenschaft, Berlin, vom 22.7.1886, an den Bürgermeister Klein existierte um diese Zeit ein Ziegeleifabrikant namens Konrad Huth. Er wird als Ziegel- und Kalkbrenner bezeichnet. Der Bürgermeister berichtet, dass Huth keine Russensteine, sondern in seinem Geschäft nur Ziegel und Backsteine herstellt, etwa 60 000 Stück jährlich.[14] In denselben Akten befindet sich ein Schreiben des Bürgermeisters von Ravolzhausen vom 9.11.1899 an den königlichen Landrat, Hanau, Betr.: *Anmeldung von bestehenden Ziegeleien gegen Unfall.*

Es wird gemeldet:

1. Unternehmer Konrad Huth II, von Ravolzhausen

2. Betr.: Eröffnung: 1.3.1881

3. Zahl der Arbeiter: der Unternehmer und 1 Arbeiter

4. Jährliche Produktion: ca 50 000 Stück Ziegeln.

Nach einer Gestattungsurkunde des Kreisausschusses Hanau vom 14. März 1898 (Tafel 12) tritt ein Wechsel der Inhaber ein. Neuer Besitzer ist die Firma Müller und Will. Sie wird zu verschiedenen Zeitpunkten vom August 1900 bis 1906 genannt. In einem Schreiben vom 12.11.1899 führt sie die Firmenbezeichnung: Müller und Will, Dampfziegelei, Verblendern, Klinkern, Kaminsteine, feuerfeste Steine zum Ausmauern von Öfen, Backöfen etc. Es sind eigene Anschlussgleise Ravolzhausen Station Hanauer Kleinbahn vorhanden.

In einem Schreiben des Landrats von Hanau vom 15.12.1899 an den Ortsvorstand in Ravolzhausen ist angefragt worden, wie viel Arbeiter und Arbeiterinnen auf der Ziegelei von Müller und Will im nächsten Jahr voraussichtlich beschäftigt werden,

[14] Akte Berufsgenossenschaft Nr. 180, Landratsamt Hanau, 4475 Hessisches Hauptstaatsarchiv Marburg.

welche nicht auf der Ziegelei Wohnung nehmen. Ferner wird die Grundfläche und Höhe des Speisesaales anzugeben erfragt. Bürgermeister Claus teilt mit:

Müller und Will gaben an, nächstes Jahr werden etwa 40 fremde Arbeiter beschäftigt. Weibliche voraussichtlich nicht. Die Grundfläche und Höhe der vorhandenen Räume sind folgende:
1 ter Raum in der alten Ziegelhütte M. 5,00 1., 2,40 hoch, 2,75 br.
2 ter Raum in der alten Ziegelhütte M. 5,00 1. 4,50 br., 2,40 hoch
Ein kleines Zimmer M. 3,60 lang, 2,60 hoch, 2,40 breit. Es ist als Krankenzimmer vorgesehen, ist aber noch nicht eingerichtet.
Bürgermeister Claus (Akte 6002 Landratsamt Hanau)

Nach einem Gendarmeriebericht vom 8.6.1895 an das königliche Landratsamt Hanau wird berichtet:

In Ravolzhausen sind 3 kleine Ziegeleien, die nur in Sommermonaten in Betrieb sind: Verzeichnis von 1897
Christian Kromm Ravolzhausen 8 männliche und 1 weibl. Jugendliche
Georg Schildger Ravolzhausen 5 männliche und 2 weibliche
Ludwig Müller Ravolzhausen 8 männliche und 3 weibliche Jugendliche

Unabhängig einmal von den drei kleineren zusätzlichen Ziegeleien wurde die Ziegelei ab 1908 von der Firma *Ziegelei Ravolzhausen GmbH* fortgeführt. Inhaber ist der Besitzer der Walzfabrik Schweinfurt, Herr Kommerzienrat W. Georg in Schweinfurt. 1920 wird die Firma von Heinrich Böhmer, Tonwarenfabrik, Dachziegelwerke GmbH, Ravolzhausen gekauft. Die Firma wächst unaufhörlich. Gemäß einer Kopie des bei Akten des Herrn Kehm sich noch befindenden Schreibens des Heinrich Böhmer vom 26. Oktober 1943 an die Gauwirtschaftskammer Rhein-Main, Kammerbezirk Hanau-Main, betreffs der Betriebsgeschichte der Firma, *betrug die damalige Jahresproduktion der angefertigten Ziegel etwa 2 Millionen. Durch den Bau eines modernen Zickzack-Ofens, sowie die*

Verbesserung der Anlage im Allgemeinen, konnte die Erzeugung auf etwa 10 Millionen gesteigert werden. Auch wurde die Anfertigung der anderen Erzeugnisse, wie Stall- und Speicherplatten usw. wesentlich erhöht. Die Zahl der Arbeiter stieg von 50 Mann im Jahre 1920 auf etwa 150 im Jahre 1939.

Abb. 9: Werksansicht der Firma Böhmer, Archiv Kaemper

1954 muss die Fa. Böhmer schließlich Konkurs anmelden. Im Zuge von Verhandlungen hat am 1.1.1956 die Burger-Gruppe, ein Schweizer Tabakkonzern, das Werk unter der Bezeichnung *Burger und Söhne KG, Ravoton-Klinkerwerk, Ravolzhausen,* übernommen. Mehrere Modernisierungsmaßnahmen erfolgen.

Abb. 10: „Alter Vatti“ Wilhelm Klein beim Sortieren von Biberschwanz-Ziegeln, Foto: Kehm

Abb. 11: Otto Schilling und Mathilde Bechtholz
beim Abnehmen der Nass-Ziegel („Doppelfalz“)
(auf Rahmen legen und mit der Hand richten). Foto: Kehm

Abb. 12 und 13: Russenfabrik 1910, Fotos: Archiv Kaemper

Abb. 14: Im Brennofen

Abb. 15: Loren zum Materialtransport

Fotos: Archiv Kaemper

Die technische Entwicklung der Ziegel und der Brennverfahren

Mit dem Bedarf entwickelten sich auch die verschiedenen Formen der Dachziegel.

1460 entstand die Hohlpfanne, 1841 die Herz- oder Rautenziegel mit einfachem Seitenfalz, 1881 der Muldenfalzziegel Z 1 mit Stufenfalz, 1883 der Strangfalzziegel (eine Erfindung des Schweizers Stadler), 1917 der kombinierte Ortgangziegel (Flächenziegel mit angeformtem Lappen), 1930 Markteinführung der Flachdachpfanne Z 15 a und 1932 wird der Sprill- oder Fleckton-Engobe für Dachziegel entwickelt.

1957 entsteht der Doppelziegel E 57 (zwei Flachdachziegel nebeneinander) und dann 1997 der Solar-Dachziegel auf Photo-Voltaik-Basis.

Auch die Brennverfahren änderten sich mit dem technischen Fortschritt: 1868 wurde der Ringofen durch Friedrich Hoffmann erfunden.

Abb. 16: Werksansicht vordere Straßenseite, Foto: Archiv Kaemper

Der große Brand am 1. September 1964

Am 1.9.1964 bricht im Werk ein Brand aus. Der Hanauer Anzeiger berichtet am 2.9.1964 wie folgt:

Riesige Werkshalle wurde Raub der Flammen. Altes Brennhaus der Ravolzhäuser Ziegelei vernichtet – Brandursache unbekannt – Produktion läuft weiter

Ravolzhäuser Bürger wurden am Dienstag, den 1. September 1964, aus ihrer Ruhe aufgeschreckt. Um 8.45 Uhr brach in der am Ortsausgang nach Langenselbold zu gelegenen Ziegelei ein Großfeuer aus, das im gesamten Umkreis bei den Freiwilligen Feuerwehren Großalarm auslöste. Bereit seit 178 Jahren ist in Ravolzhausen diese Ziegelei ansässig. Ziegelsteine sowie Dachziegel aus diesem Werk gehen in weite Teile des Landes. Dieses Werk wurde in den letzten Jahren, bedingt durch den Wechsel der Besitzer, modernisiert und weiter ausgebaut. Heute (1964) werden 100 Männer und Frauen beschäftigt, darunter sind 40 italienische Gastarbeiter.

Durch unbekannte Ursachen brach im vorderen Teil des Werkes, dem sogenannten alten Brennhaus, ein Großfeuer aus, das innerhalb kurzer Zeit das gesamte 60 m lange und 40 m breite Gebäude erfasste.

Flammen auf dem Dach

Bemerkt wurde das Feuer erst, als bereits die Flammen aus dem Dach schossen, die aus dem überaus trockenen Gebälk reichlich Nahrung fanden. Nur kurze Zeit später traf bereits die Freiwillige Feuerwehr Ravolzhausen ein, die sofort an die Bekämpfung des Feuers ging. Nach Lage der Dinge war ein weiteres Übergreifen auf andere Fabrikationshallen zu befürchten, und so wurde für alle angrenzenden Gemeinden Großalarm gegeben. In kurzen Zeitabständen trafen dann auch Wehren aus Langendiebach, Langenselbold, Hüttengesäß, Niederrodenbach, Rückingen, Rüdigheim und die Wehren der Stadt Hanau und des US-Fliegerhorst Langendiebach ein, die vereint an die Brandbekämpfung gingen. Trotz des schnellen und reibungslosen Einsatzes konnte das brennende Gebäude jedoch nicht mehr gerettet werden.

500 000 Liter Öl

Kreisbrandinspektor Lukas, der ebenfalls am Brandort eingetroffen war und den Einsatz der Wehren leitete, richtete deshalb das besondere Augenmerk auf die Absicherung des in unmittelbarer Nähe stehenden Tanklagers der Firma, das 600 000 Liter Öl fasste und bis zum Rand gefüllt war. Wäre dieses Tanklager explodiert, hätte es an der Brandstelle eine Katastrophe gegeben. Mit unvorstellbarer Wucht schossen die Flammen gut 50 m in den Himmel. Zeitweise sah es so aus, als könne man des Feuers nicht Herr werden. Vorsorglich hatte man mit der Räumung der im Werk stehenden Wohnungen begonnen, wie auch die Gastarbeiter ihre Unterkünfte ausräumten. Dank des Einsatzes der großen Anzahl von Wehren hatte man jedoch bis gegen 11 Uhr das Feuer soweit unter Kontrolle, dass ein Übergreifen auf weitere Fabrikationsgebäude nicht mehr zu befürchten war. Da auch die in dem Gebäude beschäftigten Arbeiter rechtzeitig ins Freie kommen konnten, waren bei dem Brand keine Menschen zu Schaden gekommen. Die Brandstelle selbst bot ein Bild der Vernichtung. Gespenstisch stehen die Außenwände der abgebrannten Fabrikationshalle da, aus denen auch am späten Abend noch Rauchfahnen zum Himmel stiegen.

Ursachen noch unbekannt

Über die Brandursachen konnte man bis gestern Abend noch keine Auskunft geben. Die staatliche Kriminalpolizei hat mit den Brandexperten des Landeskriminalamtes ihre Ermittlungen aufgenommen. Auch steht die Höhe des durch die Brandkatastrophe entstandenen Schadens noch nicht fest. Da jedoch in der ausgebrannten Halle auch Maschinen und Motoren standen, dürfte mit einem Schaden zu rechnen sein, der sich an der Millionengrenze bewegt.

Lob für die Feuerwehr

Kreisbrandinspektor Lukas sprach sich nach dem Brand lobend über den Einsatz seiner Wehren aus. Er hob hier besonders das schnelle Eintreffen der einzelnen Wehren hervor. Sämtliche eingesetzten Wehrmänner hätten vorbildliche Arbeit geleistet.

Besonders hob er den schnellen Einsatz der Freiwilligen Wehr aus Ravolzhausen hervor, die noch während des Alarms am Brandherd eingetroffen sei.
Wie ein Sprecher am gestrigen Nachmittag erklärte, wird keiner der Beschäftigten seinen Arbeitsplatz verlieren. Sobald die Ermittlungen über die Brandursache abgeschlossen seien, wolle man an die Aufräumungsarbeiten gehen. Die Produktion werde dann in der zweiten Brennhalle wieder aufgenommen. Bei der ausgebrannten Halle werden die noch stehenden Außenwände abgebrochen werden. Besonders wurde noch darauf hingewiesen, dass man die Kunden des Werkes auch weiterhin mit Steinen und Ziegeln beliefern könne, da ein ausreichender Vorrat in dem großen Werksgelände gelagert werde.“

Abb. 17 - 22: Großbrand im Werk von 1964,
Fotos: Archiv Kaemper
Die Brandursache war nicht auf menschliches Versagen oder derartige Eingriffe zurückzuführen

H. BÖH

Nach dem Großbrand, schreibt in seinen Lebenserinnerungen W. Kehm, *wurde ein völlig neues Werk erstellt. Durch die Vereinnahmung der Ziegelwerke Ostheim entstand ein modernes Klinkerwerk.* Es entwickelte sich mit seiner Produktpalette zu einem der führenden deutschen Klinkerwerke.

Abb. 23: Firma Ravoton, Luftbildaufnahme 1982

Abb. 24: Werner Kehm in *seinem* Werk, Foto: Manfred Greulich

Die Ostheimer Ziegeleibetriebe

Die Gemeinde Ostheim (Lage 107 m ü. N.N.), erstmalig um 850 urkundlich erwähnt, hat sich zum 1. Juli 1974 der Stadt Nidderau angeschlossen. Tonabbau und Landwirtschaft waren jahrzehntelang Existenzgrundlagen ihrer Bewohner. Im Adressbuch von 1901 war verzeichnet *Dampfziegelei/Russensteinfabrik* (so wurden die am Ort gebrannten Backsteine genannt). Bis zum Jahr 1970 war das Dorf Ziegeleistandort. Nur in einem kleinen Raum des Dorfmuseums in der Limesstraße 12, welches ehrenamtlich vom 1. Vorsitzenden des Heimat- und Geschichtsvereins Ostheim e. V. Heinrich Pieh betreut wird, erinnern noch spärliche Zeugnisse an die ehemalige Ostheimer Ziegelei. Wenn da nicht die als Band 9 der „Nidderauer Hefte“ erschienene und von W. Figge und W. Pieh überarbeitete und ergänzte Chronik der Gemeinde Ostheim Auskunft über einen Teil des Zusammengehens der beiden Ziegeleien Ravolzhausen und Ostheim geben konnte. Aus der Internetseite unter „bing.com“ http://freenet-hompage.de/peterheckert/Hanaukreis.htm will ich im Folgenden deswegen zitieren, weil hier in Ermangelung eigener Erlebnisse der Ravolzhäuser Ziegler einiges über das Leben der Arbeiter im Ziegeleibetrieb ausgesagt wird:

> *Im Januar 1970 fanden Abbau und Weiterverarbeitung des für die südliche Wetterau typischen, tonhaltigen Lehms ein jähes Ende. Das Werk am Bahnhof brannte ab. Ein ölbetriebener Trocknungsbrenner mit einem 200.000 Litertank hatte sich entzündet. Vernichtet wurde auch die angrenzende „Riesenhalle“, die Zimmermann Mehrling in den 20er Jahren zum Staunen der Leute mit Holzbindern überspannt hatte. In ihr standen die Ziegelofen und ziegelbefüllten Loren. Obwohl der Betrieb in Ostheim gut lief, entschied die Muttergesellschaft Burger & Söhne, die dort vernichteten Kapazitäten am Standort Ravolzhausen wiederaufzubauen. Dort stand besseres Material an – fast reiner Ton. Das nicht vom Feuer betroffene Ostheimer Werk II auf dem heutigen Raiffeisengelände*

im Zwickel zwischen Bahn und Hanauer Straße stellte bald ebenfalls den Betrieb ein. Ein Stück Feldbahngleis in der Ringstraße zeugt noch von der alten Verbindung der beiden großen Ziegelwerke. Viele aus der zum Brandzeitpunkt 70, 80 Ziegeleibediensteten fanden in Ravolzhausen wieder Arbeit. Für Ostheim endete so ein Traditionshandwerk, das in den frühen 50ern bis zu 120 Bürger beschäftigte.

Die Backsteinherstellung erfolgte in Feldbrandtechnik, einem wohl Jahrtausende alten Verfahren. Man arbeitete unter freiem Himmel, reine Sommerarbeit. Anfang der 30er Jahre arbeiteten in der 1894 von Wilhelm Brodt IV gegründeten Ziegelei zwei Gruppen Akkord; es mussten auch Kinder mit anpacken. In der heutigen Wiegenstraße war das, auf dem Acker des Bauern Brodt, der als „Grellemännche" in Erinnerung ist. Lehm wurde mit dem Spaten gestochen, gewässert und von den Männern in Turnhosen gestampft. Auf einem groben Arbeitstisch drückte ihn einer der Ziegelbäcker in die Holzform. Nun hieß es Sonnenkraft, ja bitte! Die darin „lederhart" gewordenen Rohlinge setzte man zu so imposanten wie kurzlebigen Öfen zusammen: Auf 10, 15 Meter Länge, 8 bis 10 Meter Breite und eine Höhe von 5 Metern werden deren Maße geschätzt. Mit feuchtem Lehm beworfen und mit Schilfmatten abgedeckt, hielten die kunstvoll aufgeschichteten Steine Feuer und Hitze rund 14 Tage lang. Dann waren die Ziegel gebrannt – und verrußt. Auf diesen Umstand kann man den am Ort noch gängigen Ausdruck „Russe – Staa" für die Mauerziegel zurückführen.

Gemäuer aus diesen handgeformten Ziegeln stehen noch genügend in der Landschaft. Dabei war es mit der Homogenität des Materials nicht weit her, dem man schließlich nur von einer Seite her hatte Zunder geben können. Handgeformte Ziegel haben Vorzüge, die man erst seit einigen Jahrzehnten zu schätzen weiß: Sie weisen verarbeitungsbedingt einen hohen Luftgehalt auf und damit eine recht gute Wärmedämmung.

Einer anspruchsvoller gewordenen Nachfrage begegnete man Ende der 60er Jahre mit einer Produktpalette von 80 Steinsorten, darunter Terra-Felssteine mit abgehämmerter Außenkante, Braunlinge oder engobierte (mit andersfarbigem Ton eingefärbte) Rotlinge. Ein Riesengeschäft waren Ende der 60er Jahre die präzisen, säurefesten und 400 Kilogramm pro Quadratzentimeter standhaltenden Kanalklinke, die gleich millionenweise unter Würzburg „beerdigt" wurden.

Gemächlicher als bei manchen auswärtigen Ziegeleien, doch unaufhaltsam war die Technik in Ostheims Produktionsstätten vorangeschritten, seit ein gewisser L. Wasem irgendwann im vorigen Jahrhundert zwischen Windecken und Ostheim die erste Feldbrandziegelei aufgemacht hatte. In Ostheim selbst war Heinrich Brodt der erste Ziegelunternehmer, man nannte in den „Zielhetter". Seine Ziegelhütte stand an der Ecke Eicher Tor/Rommelshäuser Straße. Nebenan am Ortsausgang Richtung Eichen arbeitete um 1895 Heinz Kester weiter, von dessen Arbeiterunterkunft ein Teil umgebaut bis heute existiert.

Den Schritt über den Feldbrand hinaus unternahmen die Gebrüder Altvater an der Straße nach Roßdorf sowie der Landwirt und Sägewerksbetreiber Jakob Schütz. Beide verwendeten Ringöfen und installierten Dampfmaschinen, die die Schrauben zum Formen des Lehms antrieben. Schütz verlegte seinen expandierenden Betrieb bald von der Marköbler Straße verkehrstechnisch klug an den Bahnhof. Dort setzte er ab 1928 sogar einen Zweistufenbagger ein, der nach oben wie unten ausgreifen konnte und so eine Kante von 20 Meter Höhe durchs Land schob. Trotz der so erzielten Personaleinsparung ging Schütz 1933 pleite, im selben Jahr wie Altvater und andere Mittelstandbetriebe der Umgebung.

Ein Schütz'scher Verwandter aus Frankfurt sprang ein und kaufte die Ostheimer Werke sowie eines in Niederissigheim auf. Im Krieg brach die Produktion zusammen, was einen hellsichtigen Schweizer Stumpenfabrikanten, eben die Firma

Burger, auf den Plan brachte. Der Betrieb, der in Emmendingen bereits einen Fuß im Reich hatte, kaufte 1942 den Laden auf. Der Krieg würde einmal ein Ende haben und Deutschland dann massiven Bedarf an Baumaterial.

Mit Marshall-Plan-Geld wurde dann im ehemals Altvaterschen „Werk II“ der Ringofen durch einen damals modernen „Zickzackofen“ ersetzt, benannt nach der Art, wie das Feuer hindurchgeführt wurde. Dort entstanden fortan Dachziegel, die gleichmäßig gebrannt, homogen und rissfrei sein müssen. Lehm hierfür wurde bis in die 50er Jahre noch per Spaten gestochen, sodass es achtwöchige Ziegelferien gab, ab Weihnachten, wenn der Boden zu hart war. Winterbau, bei dem schweres Räumgerät die Frostschicht abtrug, wurde erst später üblich.

Im Werk I entstanden Mauerziegel. Erst in den 60er Jahren löste dort ein Tunnel den „klapprig“ gewordenen Ringofen ab. Die dort am Bahnhof von Brand hinterlassene Brache ist nach drei Jahrzehnten nun wieder nutzbares Land geworden. Der Bebauungsplan „Alte Ziegelei“ ist ein Beispiel parlamentarischer Kompromissfähigkeit. Nach jahrelangem Streit gestattete er 40 bis 50 Häuser, die den mittlerweile gewachsenen Teichbiotopen nicht zu nahe treten.

Der 1858 patentierte Ringofen war genial. Zwar hatte es zuvor schon Alternativen zum primitiven Feldbrand gegeben. Doch diese festen Öfen mussten nach jedem Brand langwierig, also unrationell, auskühlen. Die in Ostheim erst um die Jahrhundertwende angekommene Innovation bestand aus ringförmig (bei Schütz: oval) aneinandergereihten Brennkammern, die einzeln von außen zu befüttern waren. Das Feuer zog, von Ventilatoren reguliert, jede Woche einmal rundherum. Kontinuierliches Arbeiten war möglich, aber um den Preis, dass Menschen sich beim Bestücken und Ausräumen des Ofens in bis 60 Grad heiße Räume begaben. Damit nicht genug geschwitzt: Die Produkte wurden auf Holzschubkarren geladen, vier Leute bewegten bis zu 100 Tonnen Steine am Tag.

Ob der Tunnelofen – zu Beginn des Jahrhunderts erfunden, in den 60er Jahren in Ostheim eingeführt – da ein Fortschritt war, ist Auffassungssache: Man fuhr den getrockneten Lehm auf schamottbeschichteten Loren hinein, kein Mensch war mehr der Hitze ausgesetzt, Be- und Entladung erledigten Gabelstapler.

Als weitere Literatur kann noch das Buch Alt-Ostheim von Pfarrer Friedrich Fink, Ostheim 1925, empfohlen werden oder auch ein Aufsatz von Heinrich Pieh im Nidderauer Heft Nr. 1, Seiten 42 bis 51, herausgegeben von der Stadt Nidderau.

Der Wiederaufbau der Ravolzhäuser Ziegelei

Unter reger Anteilnahme der Bevölkerung schritten der Wiederaufbau und die Modernisierungsmaßnahmen der Ziegelei rasch voran. So konnte der Hanauer Anzeiger am 15.11.1969 wie folgt titeln:

Größter Ziegelproduzent Hessens im Landkreis Hanau und Dachziegelproduktion am laufenden Band

Er fährt fort: *Die Ravolzhäuser Ziegelwerke sind weitgehend automatisiert. Schwere Handarbeit ist selten geworden. Täglich werden 35.000 Ziegel hergestellt und abtransportiert. Lastwagen auf Lastwagen rollt hoch beladen mit einer rötlichen Erdmasse aus der Grube in den Hof des Werkes. Schieferton, in der Tongrube schon in faustgroßen Brocken vorgebrochen, wird polternd abgekippt und wandert auf Transportbändern in den Beschicker. Was hier von riesigen, metallenen, mit greiferartigen Zapfen versehen und ständig rotierenden Walzen heftig durcheinandergemixt wird, ist nichts anderes als die Substanz dessen, was als Dachziegel, rot oder braun, den traditionellen Abschluss fast aller Häuser bildet. Den alten und jungen Babyloniersklaven, den Israeliten in Ägyptens Frondienst war die Ziegelbrennerei eine harte und schweißfordernde Arbeit. Jahrtausendalt ist die Methode, aus Erde geformte und durch Feuer verbundene Steine herzustellen. Hier und heute, in Ravolzhausens Dachziegelwerken, das mit seinem Schwesterwerk in Ostheim die meisten Ziegel in ganz Hessen produziert, haben klug konstruierte Maschinen den Menschen weitgehend die schwere Arbeit abgenommen. Nachdem nun der rote Ton gut und steuerbar im Beschicker durchgemischt worden ist, befördern Transportbänder ihn in den Kollergang. Zwei Läufer, an der Achse miteinander verbunden, drehen sich um einen Mittelpunkt und pressen mit je 9,8 Tonnen die zerkleinerte rötliche Masse unter Zuhilfenahme von Wasser durch ein mit Löchern versehenes Blech, dem Siebrost.*

Das Grobwalzwerk, die nächste Station des Tons auf dem Weg zum fertigen Ziegel, zerkleinert den immer noch ziemlich groben Schierton auf eine Partikelstärke von 2 mm. Aber auch in diesem Zustand ist die Ziegelsubstanz noch nicht plastisch formbar und wird deshalb in dem sich anschließenden Schnellläuferfeinwalzwerk erneut gepresst und gewalzt.

Eine Tagesration in Reserve

Als feinkörniger Sand mit einem Partikeldurchmesser von 0,5 mm verlässt die Masse das Feinwalzwerk, um in den 250 Kubikmeter fassenden Maukturm zu gelangen. Dieser riesige, aus Beton geformte Silo dient dem Werk als Reserve bei Förderstörungen in der Grube. Er kann gerade die Menge aufnehmen, die eine Tagesration ausmacht. Am unteren Ende des Maukturms befindet sich das Ausräumgerät. Eine Spindel, die von unten in den Turm hineinragt, bewegt ständig die darin gespeicherte Tonmasse und erleichtert dem Ausräumgerät die dosierbare Entnahme des geforderten Ziegelrohstoffes. Das Material selbst hat jetzt eine hohe Plastizität und Homogenität erreicht.

Der im Arbeitsauflauf folgende Rundbeschicker trennt die Produktion in zwei Arbeitsgänge. Das überschüssige Material wandert auf Bändern unterirdisch in die Abteilung für Formstücke, die in geringeren Mengen noch in der traditionellen, manuellen Methode gefertigt werden. Es handelt sich hierbei im Einzelnen um Firstziegel, Giebelortgangziegel, Dunstrohrziegel, kurz um Exemplare, deren Formenvielfalt und geringe Stückzahl eine rationelle maschinelle Herstellung nicht zulässt.

Rohlinge werden Ziegel

Das für die eigentlichen Dachziegel benötigte Material jedoch gelangt nun in die Vakuumpresse, wo es unter Wärmeeinfluss vakuumiert und zu Rohlingen, die im Kern 50 Grad Celsius warm sind, geformt und der vollautomatischen Drillingspresse zugeführt wird. Diese Drillingspresse, die zusammen mit dem Rundbeschicker und der Vakuumpresse von einem Schaltpult aus gesteuert wird, gibt den Rohlingen die eigentliche Dachziegelform.

Je drei Dachziegel, der Name Drillingspresse sagt es schon, werden in einem Arbeitsgang hergestellt. Früher schafften das drei Personen nicht annähernd. Gerade hier wird deutlich, wie weit die Automatisierung in diesem Werk vorangetrieben wurde.

Pausenlose Produktion

Die geformten aber noch ungebrannten Dachziegel werden nach der „Prägung" der Rohlinge mittels einer Saugvorrichtung aus der Drillingspresse genommen und in einem Nassspeichergerüst auf entsprechenden Holzrahmen abgesetzt. Ununterbrochen packen die Sauger die Ziegel, heben sie hoch und verladen sie in das Nasspeichergerät, das, nachdem es mit Ziegeln vollgepackt ist, auf einem lorenartigen Unterbau in große Trockenkammern rollt, wo es 36 Stunden verbleibt. Unter Warmluftzuführung werden die Ziegel dort vorgetrocknet. Das Trockensystem ist so ausgeklügelt, dass ständig nasse Ziegel in die Kammern fahren, während getrocknete sie verlassen, die Produktion also keine Unterbrechung erfährt.

Immer näher sind nun die Dachziegel auf ihrem Weg vom rohen, brockenförmigen Schieferton zum fertigen Qualitätsziegel, dem eigentlichen Herzstück des ganzen Betriebes, dem eingleisigen Tunnelofen gerückt. Bevor sie aber dort 980 Grad Celsius über sich ergehen lassen müssen, werden sie mit einer dunkelgrünen, dünnflüssigen Masse, dem Engobe-Ton, der ihnen die eigentliche Farbe verleiht, von allen Seiten besprüht. Mehre Arbeiter setzen die besprühten, nun dunklen Ziegel, die nach der Färbung mit dem Ofen abgenommener Warmluft getrocknet worden sind, wiederum in Speichergerüste (Ofenwagen), die auf zwei Gleisen den Vorwärmer durchlaufen. Hier, man höre und staune, berühren menschliche Hände zum ersten Mal die Ziegel, seitdem sie in Form von Ton die Grube verlassen haben.

Fast 1000 Grad Hitze

Wie ein feuriges Ungetüm „verschlingt“ der eingleisige Tunnelofen Wagen um Wagen, 75 an der Zahl fasst sein gieriger, glühender „Magen“, der 62 Meter lang ist. Der Ofen selbst wird mit extra leichtem Heizöl, das einen niedrigen Schwefelgehalt der fertigen Ziegel garantiert, in der Garzone auf 980 Grad Celsius geheizt. Thermoelemente, die von oben in regelmäßigen Abständen in den Ofen hineinragen, steuern über Diagramme die Ölzuführung durch Impulsgeber. So wird eine gleichbleibende Hitze innerhalb des Ofens erreicht, was sich positiv auf die Qualität des Endproduktes auswirkt. Haben die Ziegel den Ofen verlassen, es sind täglich 35.000 Stück, dann sortieren fixe Hände in der Sortierstation die gebrannten, matt glänzenden Tonprodukte nach Aussehen und Fehlerlosigkeit in eine Güteklasse A und B auf Transportbändern. Ein neuartiges, von den Ziegelwerken in Ravolzhausen eigens entwickeltes Packsystem, Minipack 8 – je 8 Ziegel werden mit einem Kunststoffband zu einem gut transportierbaren Bündel zusammengeschnürt – hilft die Menge der anfallenden Ziegel sicher und schnell für den Abtransport vorzubereiten. Wenn dann der stählerne Arm des Ladegerätes zupackt und 400 Ziegel auf einmal auf die wartenden Lastwagen schwingt, dürfen Bauherren in der ganzen Bundesrepublik sicher sein, dass man alles getan hat, um ihnen einen guten Dachziegel zu liefern.

Rätselraten um den Fortbestand von Ravoton

Nachdem 15 Jahre lang die Ziegelwerke Ravolzhausen im öffentlichen Bewusstsein keine wesentliche Rolle gespielt haben, zumindest keine negative, erschien am 9.10.1985 der als Tafel 13 beigefügte Artikel im *Hanauer Anzeiger*.

Die Hintergründe für eine Aufgabe der Produktion von Ziegeln an diesem Ort mögen vielfältig gewesen sein, in der Gesamtheit erscheinen sie wahrscheinlich dem schweizer Burger Konzern als in sich schlüssig.

Die verschiedenen Gründe für diese dann getroffene Entscheidung darzulegen, würde den Rahmen dieser kurzen Schrift durchbrechen und zu unnötigen Spekulationen führen. Nur – solchen Entscheidungen gehen üblicherweise jahrelange Überlegungen voraus. Diese sind mir nicht bekannt.

Bekannt ist, dass die Firma Ravoton mit Schreiben vom 13.6.1985 beim Regierungspräsidenten Darmstadt – Obere Wasserbehörde – um eine Genehmigung zur Erweiterung der Tongrube Ost nachgesucht hatte. Aus einer vorläufigen Stellungnahme der nach §29 BNatG anerkannten Verbände ist aufgrund einer groben Bestandsaufnahme der Vegetation einiger wichtiger Flächen des Betriebes einiges festgestellt worden, welches im Artikel (Tafel 13) nur in Kurzform wiedergegeben wird. Unabhängig vom Ausgang des Verfahrens, bei dem hinreichend Ausgleichsflächen und Möglichkeiten der Umsiedlung von schützenswerten Pflanzen in Ersatzbiotope oder auch Ausgleichszahlungen etc. angeboten wurden, scheint mir, dass wohl die wenigsten Menschen in Neuberg-Ravolzhausen, der Autor eingeschlossen, von einer derartigen Vielfalt der Arten in Flora und Fauna in diesem Gebiet gewusst hatten.

Vergessen darf man aber trotz allem nicht, dass hier jahrhundertelang Einwohner von Ravolzhausen und Rüdigheim, von Ostheim und letztlich auch Arbeiter aus anderen Ländern, zumeist aus Italien, Brot und Arbeit gefunden haben.

Und vergessen darf man auch nicht, dass einer unternehmerischen Entscheidung durchaus auch subjektive Gründe zugrunde liegen können. Es gab einen Sozialplan.

Am 20.12.1986 teilt der *Hanauer Anzeiger* in dem auf Tafel 19 beigefügten Artikel dann weiter mit, dass nach einem 13monatigen Dornröschenschlaf die Firma Hake im ehemaligen Ravotonwerk Blumentöpfe produzieren will.

Der Artikel spricht dabei recht deutlich von verfehlter Industriepolitik, die für die Schließung des Ravoton-Werkes verantwortlich ist. Wenn die Presse von *„verfehlter Industriepolitik“* schreibt, kann dies von einer heute in der Gesellschaft üblichen und zunehmenden populistischen Verurteilung und Selbstgerechtigkeit zeugen, so dies nicht nachträglich durch Fakten bewiesen wird. Diese fehlen bis heute.

Abb. 25: Ziegeleipersonal - Ausflug zum Niederwalddenkmal, Foto: Archiv Kaemper

Die Arbeit der Ziegler – Feierabendziegel

Wie schwer die Arbeit der Ziegler tatsächlich war, kann in der regionalgeschichtlichen Literatur nachgelesen werden.[15] Ich will mich nur auf wenige *Zieglersprüche* bescheiden, die Dieter Möckel im Heimat-Jahrbuch 1967 zusammengetragen hat.

So klagten die Ziegler, wenn sie sich am Montag, lange vor Tagesanbruch, von Frau und Kindern trennen mussten, um zu ihren Arbeitsplätzen zu wandern, was mehrere Stunden dauerte: „Vom Montag an, die ganze Woche muß ich Bohnensuppe koche!" Oder: „Lieber Bohnen gekaut, als einem Hasen nachgeschaut!"

Da die Arbeitsstelle oft auch gleichzeitig Schlafstelle war, trugen sie in ihren Rucksäcken den Wochenproviant mit sich: Weiße Bohnen und ein Stückchen Dörrfleisch. Zu jeder Ziegelei gehörte ein Fuhrpark mit mehreren Pferden. Der Pferdestall war in der Regel auch das „Schlafkämmerlein" der Pendler. Der Seufzer eines unbekannten Zieglers um 1800, den er auf einen Ziegel schrieb, lautet: „Mein Schlafstell, die ist schmal und hart, das macht, es wird an Stroh gespart."

Die Arbeit in den Ziegelhütten dauerte nur vom Josefstag im März bis zum Gallustag im Oktober. Ein Spruch lautet: „Der Winter bringt mir Ziegler Not, hab' keine Bohnen und kein Brot."

Nach Arbeitsschluss der Ziegler, so D. Möckel und G. Mende im Heimat-Jahrbuch 1963, haben diese manchmal Ziegel mit Symbolen und Bildern versehen. Daher rührt der Name *Feierabendziegel.*

[15] D. Möckel/G. Mende, Feierabendziegel aus dem Kinzigtal, in: Heimat-Jahrbuch des Kreises Gelnhausen 1963, S. 126-127, Landrat H. Kreß (Hrsg.), S. 126-127; D. Möckel, Von den Zieglern, in: Heimat-Jahrbuch des Kreises Gelnhausen 1967, Landrat H. Kreß (Hrsg.), S. 102; ders., „Backstaa un gebrennte Russe!", in: Gelnhäuser Heimat-Jahrbuch 1977, Kreisausschuß des Main-Kinzig-Kreises (Hrsg.), S. 61 f.; H.P. Göbel, Töpfer aus Wittgenborn, in: Gelnhäuser Heimat-Jahrbuch 1986, Kreisausschuß des Main-Kinzig-Kreises (Hrsg.), S. 31 f.

Es waren aber auch heidnische Bräuche, welche die Ziegler veranlasst hatten, Ziegel mit besonderen Zeichen zu versehen, um böse Mächte vom Haus fernzuhalten. Das Schmuckbedürfnis der Bewohner zeigt sich auch an den Neidköpfen der Eckbalken und an der Darstellung von Sonne und Lebensbaum. „Am häufigsten kommt die Sonne vor, meistens als Halbkreis am Ziegelrand", so die Verfasser.

Die Feierabendziegel findet man heute noch in alten Dächern eingefügt. Diese kunstvollen Raritäten mit ihren geheimnisvollen Inschriften, ihren Zeichen, ihren Zahlen und Symbolen sind Schmuckstücke einer besonderen Art. Als stille Zeichenträger einer verborgenen Sinnbildsprache mit ganz eigenständiger Suggestionskraft bergen sie im Kleinen eine ganze Welt von mythologischen Erfindungen, von dichterischer Fantasie und poetischer Magie. Magisch wollten sie mit ihnen auf die Gegenwart einwirken. Ihre namenlosen Schöpfer, deren Lebenstrieb, ihre Beobachtungsschärfe und ihr Kunstsinn, ihre Erkenntniskraft und ihr Gemütswert bleiben in ihrem Wirken als Stimmen ihrer Zeit, quasi in Zeitkapseln eingeschlossen, lebendig. Einst brachten sie die Betrachter mit ihrer Begründung von in Symbolen mehr oder minder stark verschlüsselten Einsichten zum Denken. Damit stifteten sie eine besondere Form von lokaler kollektiver Erinnerung und von Identität. Ganz allgemein tragen sie Geschichte, Gedanken, magische Momente und Träume unserer Vorfahren mit nicht immer geografischer Eingrenzung in sich. Diese untergegangene Welt mit ihrem besonderen Zauber einer vergessenen oder verlorenen Zeit könnte in der Rückwendung und Erinnerung unser Interesse erregen. Wir sollten uns bemühen, uns in ihre Gedankengänge, ihre Lebensbedingungen und ihren Gefühlshaushalt mit ihren heute kaum noch geläufigen Zeitumständen zu versetzen. Das Leben selbst mit seinem Vorwissen, seinen Ideen und Denkaussagen, einst und heute, war und ist immer auch ein Mittel der Erkenntnis.

Der Verfasser besitzt selbst noch so einen Ziegel. Er ziert diese kleine Schrift auf dem Umschlag. Vielleicht öffnet er als auratisches Relikt, als *Corpus metaphysicum* oder als Erinnerungsstück mit heuristischem Wert, den Zugang zu einem speziellen Wissen, Denken und Fühlen dieser Menschen aus einer vergangenen Zeit und zu dessen Verbreitung.

Ob die Sonne auf den Ziegeln nun als heidnisches Symbol im Sinne christlicher Kirchenlehre zu betrachten ist oder als ein allgemeingültiges, fest in der Chronik des Menschengeschlechtes verankertes Urbild oder Muster des Lebens schlechthin, vielleicht auch als Seelensymbol mit lebensbeschützender- oder lebensverbessernder Kraft, anzusehen ist, mag jeder für sich, je nach Wahrnehmung und/oder Empfindung, selbst entscheiden. Sinnstiftend war es je nach Kontext in verschiedenster Weise. Hierbei hilft uns rein intellektuell das Wissen, welches uns aus und in den verschiedensten soziologischen, ethnologischen und kulturantropologischen Informationsquellen zur Verfügung steht, um der Wahrheit näher zu kommen. Im koptischen Philippusevangelium[16] habe ich folgenden Satz gefunden:

> *Die Wahrheit kam nicht nackt in die Welt, sondern sie kam in den Sinnbildern und Abbildern. Sie (die Welt) wird sie nicht auf eine andere Weise erhalten.*

Die Römer sahen im *Sol invictus* den unbesiegbaren Sonnengott. Die Sonne ist nach dem Lexikon der Symbole[17] bei vielen Völkern die Offenbarung der Gottheit. Sie gilt als unsterblich, da sie sich jeden Morgen neu erhebt und jeden Abend ins Totenreich absinkt. Sie ist Quelle des Lichts, der Wärme, des Lebens; ihre Strahlen machen die Dinge erkennbar. Daher ist sie mit Gerechtigkeit verbunden (vgl. die Bezeichnung des Messias als „Sonne der Gerechtigkeit“: Mal. 3, 20).

[16] Übersetzung von M. Krause, in: Die Gnosis, Band 2: Koptische und mandaische Quellen, (Die Bibliothek der Alten Welt, Reihe Antike und Christentum), Zürich und Stuttgart 1971, S. 108 (§ 67).

[17] G. Heinz-Mohr, Lexikon der Symbole, Bilder und Zeichen der christlichen Kunst, Eugen Diederichs Verlag, München 1971, S. 291.

Die Sonne macht die Welt erst sichtbar. Sie schafft mit dem Licht die Möglichkeit, das eine vom anderen zu unterscheiden. Mit dem Licht entwickelt sich der Geist, der den Formen ihren Sinn entnimmt und aus dieser Erkenntnis neue schafft. Das Außen reflektiert sich im Inneren und schafft dort eine ähnliche Parallelwelt. Mit der Zeit entwickelt sich unter Zuhilfenahme der aus Klängen und Gefühlen entstandenen Bildersprache (seit etwa sechstausend Jahren) erst ein zweckgerichtetes, auf das pure Überleben abgestimmtes *einfaches* Denken, aus dem sich dann das *abstrakte* Denken entwickelte, mit dem die Wirklichkeit z.T. mithilfe des analytischen Denkens, durch Teilen und Ausforschen und anderen Fähigkeiten, erklärt wird. Seit etwa hunderttausend Jahren verfügt der Mensch über Intelligenz. In unterschiedlicher Ausformung ist sie in den Genen eingeschrieben. Intelligenz wird wesentlich von den Genen bestimmt. Durch entsprechende Lerngelegenheiten kann sie bis zu bestimmten Graden ausgeformt bzw. entwickelt werden. Aus dem tief in uns vorhandenem Informationsmaterial aus bedeutsamen Zeichen und Symbolen, aus Bildern der gesprochenen wie der schriftlichen Sprache schöpfen und gewinnen wir Wissen und Erkenntnisse. Sie befähigen uns, mit weiteren Kräften des Verstehens, der Freude an der Arbeit, der Liebe zu den Menschen usw. verantwortungsvoll zum Nutzen der Gemeinschaft tätig zu sein. Man nennt es allgemein Bewusstsein.

Im Unterschied zum Sonnenhymnus des ägyptischen Pharaos Echnaton, in dem die Sonne selbst Gott ist, nennt der 104. Psalm, der diesem Hymnus in starkem Maße entlehnt ist, Gott als den Urheber und Lenker auch der Sonne. Es ist kein Widerspruch dazu, wenn auf altchristlichen Epitaphien (z.B. Lateranmuseum, Rom) manchmal die Sonne mit Strahlenhänden ganz wie auf Echnatons Relief erscheint. Es ist Gott bzw. Christus, die Sonne des achten Schöpfungstages, der hier apostrophiert wird.

Aber auch noch *das an den Körper gebundene Bewusstsein* mit dem prüfenden Verstand, das *an sich selbst interessiert ist*[18], sollte beachtet werden.

Gerhard Roth[19] ist in seiner Aussage in Bezug auf seine Erforschbarkeit eindeutig: *Bewusstsein gilt als ein geistiger oder „mentaler" Zustand, und deshalb entzieht sich für viele dieses Phänomen grundsätzlich einer naturwissenschaftlich-neurobiologischen Erklärung.*

Oliver Sacks[20] geht bei visueller Wahrnehmung und Bewusstsein von neurologischen Zusammenhängen aus. Bei seinen Beispielen stellt sich heraus, dass die visuelle Welt weitaus vielfältiger ist, als wir es uns gemeinhin vorstellen. Bei der Frage, ob Wörter, Symbole oder Bilder die primären Werkzeuge des Geistes sind, oder es Denkweisen gibt, die den Sinnesmodalitäten vorausgehen, also eine eigene Sprache des Geistes, eine reine Bedeutung, muss er eingestehen, dass er nicht zu entscheiden vermag, ob das Unsinn oder tiefe Wahrheit ist.

Der Mediziner Pim van Lommel[21] zweifelt die herkömmliche Auffassung von Leben und Tod an. Seine These: Das Bewusstsein hört nach dem Tod nicht auf zu existieren. Das Gehirn fungiert nur als Empfänger, der elektromagnetische Wellen in Bild und Ton verwandelt.

[18] N. Humphrey, Die Naturgeschichte des Ich, München 1997: Empfindungen sind sensorische Aktivitäten bzw. intentionale Tätigkeiten, die sich über eine subjektive Zeitspanne erstrecken (S. 267). Jedoch lässt sich der qualitative Gehalt bewusster Erfahrung, d.h. im Wesentlichen Empfindungen zu haben, „(...) aus Datenverarbeitungsprozessen im Nervensystem nicht ableiten" (S. 31: Zitat nach G. McGim, Could be a machine consciousness, 1987).
Der englische Philosoph John Locke (1632-1704) formuliert: Bewusstsein (consciousness) ist die Wahrnehmung dessen, was im eigenen Geiste vorgeht.

[19] G. Roth, Das Gehirn und seine Wirklichkeit, Kognitive Neurobiologie und ihre philosophische Konsequenz, Frankfurt/M. 1997.

[20] O. Sacks, Das innere Auge, Hamburg 2011.

[21] P. van Lommel, Endloses Bewusstsein, Neue medizinische Fakten zur Nahtoderfahrung, Patmos, Düsseldorf 2009.

Es gibt aber noch andere Quellen, um auf heidnische Symbolik und/oder eine religiöse Betrachtungsweise einzugehen.[22] Diese sind zu allererst als religiöse Haltungen aus dem damaligen christlichen Selbstverständnis und der kirchlichen Lebenspraxis heraus zu respektieren. Es wird dort die Meinung als gültig angesehen, welche besagt, dass dies, was der im Übrigen überall und immer als seelenvoll zu betrachtende Mensch im Unterbewusstsein als wahr, richtig und heilig erkennt, immer einer Kraft bzw. Ursache bedarf, die je nach der Lehre einer übergreifenden spirituellen Macht zugeordnet wird. Die in unserem Unbewussten evolutionsgeschichtlich gewachsenen und gespeicherten Informationen muss man dann hiervon ausnehmen. Wenn die Wissenschaft heute Fragen nach Gesetzmäßigkeiten im Weltzusammenhang bejaht, schließt das vernünftige Bewusstsein eine Intelligenz nicht aus, die am Anfang der Welt gestanden hat. Damit hat auch der Mensch hier auf Erden eine bestimmte Aufgabe bzw. Funktion zu erfüllen. Diese kann nicht nur nicht von der anfänglichen Intelligenz getrennt betrachtet werden, sondern muss für ihr Dasein und Überleben als mitverantwortlich für Zeit und Raum angesehen werden. Der Mensch und alles Lebende ist bleibender Bestandteil des Weltenlebens und -lenkers.

Der Mensch als eine Mischung aus Natur und Kultur oder Bewusstsein (bzw. Zivilisation) und Geist ist und bleibt ein vergängliches Produkt der Geschichte, aber immer bleibt er Natur.

In der Betrachtung des Lebens gingen Laotse (600 v. Chr.) und Aristoteles (384 – 322 v. Chr.) davon aus, dass *das lebende Ganze mehr als die Summe seiner Teile ist.* Getrieben und gezogen durch den Ruf, die Wünsche und die Sehnsucht der

[22] F. Maciejewski, Echnaton oder Die Erfindung des Monotheismus. Zur Korrektur eines Mythos, Osburg Verlag, Berlin 2010.

Seele[23] zu Gott (zur Wahrheit) besteht das Leben auf dem Weg der Wandlungen und des Fortschritts, der Entwicklung und Veränderung, aus Bewährung, Anerkennung und Kampf. Seine Ziele, die Freiheit und Liebe als Bestimmung des Menschen im Rahmen seines Lebensauftrages. Einziges und oberstes Ziel nach Darwin ist die Erhaltung der Art.

Heute wissen wir, dass nach Einsteins Gleichung $E = MC^2$ Materie und Energie austauschbar sind. Alles ist Energie. Materie ist eine Leere, eine Illusion. Die Quantenphysik hat nachgewiesen, dass es überhaupt keine Teile gibt, nur ein Muster in einem untrennbaren Netz von Beziehungen. Max Planck (1858 – 1947), der Begründer der Quantenphysik, sagte anlässlich seiner Dankesrede bei der Nobelpreisverleihung 1918:

> *Es gibt keine Materie an sich. Alles entsteht nur durch die Kraft, die die Atomteilchen in Schwingung bringt und zusammenhält. Hinter dieser Kraft müssen wir einen bewussten, intelligenten Geist annehmen. Er ist die Grundlage aller Materie.*

Quarks, die gemeinsam mit den Elektronen als die Urbausteine der Materie gelten, werden derzeit noch von LHV (Large Hadron Collider), also Teilchenbeschleuniger, erzeugt. Damit besteht nicht nur die Möglichkeit, neue, bisher unbekannte Teilchen zu finden, Ziel ist es, dem Urknall nachzuspüren. Wissenschaftler aus aller Welt suchen Ionenstrahlen für ihre Experimente.

Trotz Relativitäts- und Quantentheorie, Quarks und Doppelgänger-Kerne, Mandelbrots Fraktale, Chaos und Strange Attractors, Katastrophentheorie usw. sind wir aber immer noch nicht in der Lage, eine Definition für das Leben zu formulieren. Wir

[23] Nach der Definition von Aristoteles (aus seiner aus drei Büchern bestehenden Schrift De anima) ist die Seele kein eigenständiges Wesen, nicht ein selbstständiges Seiendes, sondern das, was ein selbstständig Seiendes, nämlich einen lebenden Körper zu dem macht, was er ist; sie ist das Lebensprinzip aller Lebewesen. Sie ist vom Körper nicht trennbar. Sie ist als Zweckursache des Körpers aufzufassen und ist mit der passiven Vernunft sterblich.

wissen nur, das Leben von Leib herzuleiten ist. Ähnlich ist seit den Mystikern die Verwirrung bis in die heutige Zeit bei den Begriffen Seele und Bewusstsein. Aus der Schöpfungsgeschichte wissen wir lediglich, dass Gott dem Menschen ein Bewusstsein gegeben hat, indem er ihm seinen Atem eingehaucht hat. Das Weltbild der Christen wird vom Glauben an das Unsterbliche im Menschen und der Idee des Jenseits als eine Urfrage der Religionen geprägt. Himmel und Hölle sind die Bereiche, welche den Menschen nach seinem Tod erwarten. Es gibt Gebote, die zu beachten und zu erfüllen sind, um einst mit Gott im Himmel vereint zu sein. Diese sich daran entwickelnde Ethik mit ihren ideellen Werten, Ordnungsvorstellungen, Normen, Tugenden, Vorbildern usw. beherrschte die abendländische Zivilisation und Kultur. Naturgemäß haben sich auch diese und ihre Ansichten darüber mit der Zeit verändert.

Von der Gottesebenbildlichkeit des Menschen wissen wir aus der Bibel. Aus dieser jüdisch-christlichen Auffassung leiten sich die Ethik des Grundgesetzes und der Begriff der Würde des Menschen ab.[24] Wie sieht er nun aus, der Mensch, der Gott? Als Moses Gott nach seinem Namen fragte, sprach dieser aus dem brennenden Dornbusch: *Ehyeh Asher Ehyeh (ich werde sein, der ich sein werde). So sollst du zu den Israeliten sagen: Ich werde sein, der hat mich zu euch gesandt.* (Ex 3, 14).[25] „Geheiligt werde sein Name." (siehe auch 1. Mose 1, 27 und Joh 13, 3 und 14, 9-11).

Auch die damaligen Menschen besaßen über die vier menschlichen Funktionen des Wahrnehmens, Fühlens (körperliche Empfindungen – Sentio, ergo sum), Denkens und Wollens hinaus, spirituelle und mentale Kräfte. Geprägt durch eine noch starke Abhängigkeit von der Natur mit ihren unwägbaren Gegebenheiten, ihren Lehren daraus und einem in der Frühzeit darauf

[24] Siehe auch Pico della Mirondola in seiner Rede von der Würde des Menschen, zitiert von Jacob Burckhardt, Die Kultur der Renaissance in Italien, Athenaion, Phaidon Verlag GmbH, Essen 1996, S. 354, unter „Der Begriff des Menschen".

[25] E. Bloch, Das Prinzip Hoffnung, Frankfurt a.M. 1959; H. Küng, Existiert Gott? München 1978 und ders., Ewiges Leben, München 1982.

abgestellten z.T. naturphilosophisch orientierten Götterglauben mit bösen und guten Geistern und späteren, wie bereits gesagt christlichen Gottesglauben, waren sie in ehrlicher Selbsteinschätzung und Analyse und einem gesunden Pragmatismus in der Lage, weise Entscheidungen zu treffen. Immer aber suchten sie, trotz aller existenzieller Verschiedenheit, eine geistige Führung in der Verbindung zur Gotteswelt. Stellvertretend war es die Natur, welche als Quelle göttlicher Offenbarung galt. Die eigene Erfahrung war der Zugang zur Naturreligion. Man fühlte sich ihr verbunden. In allem, was sie sehen, erkennen die Menschen (Pantheisten) das Göttliche. In der mündlichen Weitergabe werden Bräuche gepflegt. Die Druiden (Priester der Kelten[26]) denken in Analogien. So deuten sie Symbole und Zeichen. Sie lernen ihre Bilder zu lesen und was dahinter steht.

In den Zeiten des Alten Testamentes glaubten die Juden noch an eine *Körperseele*, die mit dem Leib stirbt. Geleitet von der Idee der Auferstehung des *ganzen Menschen* hofften sie auf ein jenseitiges Leben. Die *Auferstehung der Toten*, nicht die Auferstehung der Seelen, ereignet sich zum Jüngsten Gericht nach dem Apostolischen Glaubensbekenntnis. Die Menschen werden sich aus den Gräbern erheben, und zwar wie Christus, in der Leiblichkeit von *Fleisch und Blut* (Mark 16, 8).

Die Göttervorstellungen und ihre vielfältigen religiösen Bräuche und Formen der hier lebenden Germanen bzw. Kelten sind uns nur bruchstückhaft z.B. aus der „Edda“ (= Poetik) des isländischen Dichters und Geschichtsschreibers Snorri Sturluson (1178 – 1241) oder aus der „Germania“ des Tacitus bekannt. Treue, Mut und Reinheit, Ehrfurcht vor den Göttern und dem Schicksal sowie der Glaube an ein jenseitiges Leben zeichnete sie aus. Sie glaubten, dass die Seelen der Ungeborenen und Toten im Wasser lebten. Aus diesen *zum See Gehörenden* entwickelte sich der deutsche Name der Seele. Es gab aber auch Menschenopfer

[26] D. Monroe, Merlyns Lehren, Verlag Hermann Bauer, Freiburg im Breisgau 1996.

und schauerliche Vorstellungen eines Reiches von Geistern, die den Menschen überall bedrohten. Ihre Religion weiß nichts von einer Erlösung aus Schuld und Verhängnis bis zum Weltende eine Sühne eintreten würde. Außerdem glaubten unsere Ureltern auch an ein Leben nach dem Tode, in welchem das Gute belohnt und das Böse bestraft werden soll.[27] Sie hofften auf ein neues Zeitalter nach der Götterdämmerung. Mit der Christianisierung zwischen 400 und 800 n. Chr. ging auch diese Götterdichtung zu Ende.

Es tauchten mit dem Beginn des Mittelalters neue Fragen auf, welche die christliche Gemeinschaft in dem berühmt gewordenen Vierzeiler eines unbekannten Dichters beschäftigte:

Ich bin, ich weiss nicht wer,
Ich komme, ich weiss nicht woher
Ich gehe, ich weiss nicht wohin
Mich wundert, dass ich so fröhlich bin. [28]

Im Gegensatz hierzu ließ ein Römer zur Zeitenwende auf seinen Grabstein meißeln:

Nun fui – fui – nun sum – non curo.
(Bin nicht gewesen, bin gewesen, bin nicht mehr, keine Sorge.)

Es lohnt sich heute, diese eigentlich typischen Gnosisfragen[29] neu zu stellen.[30]

[27] K.A. Krüger, Germanische Götterkunde, Loewes Verlag Ferd. Carl, Stuttgart 1908.
[28] Martin Luther fand für sich seine Lösung: Ich komme, weiß wohl woher. Ich geh‘, weiß wohl wohin. Mich wundert, dass ich traurig bin.
[29] Das in Nag Hammadi gefundene Thomasevangelium eröffnete der Forschung neue Möglichkeiten. So will man aus verborgenen Jesusworten (Tho 050) die Weltgleichung Gottes, auch die Weltformel herauslesen können. Tho 050 (Text aus Gnosis, Das Buch der verborgenen Evangelien, herausgegeben und übersetzt v. Werner Hörmann, Pattloch Verlag, Augsburg 1994: *Es sprach Jesus so: Wenn sie zu euch so sagen: Woher seid ihr geworden?, sagt zu ihnen: Wir sind aus dem Licht gekommen, dem Ort, wo das Licht geworden ist aus sich selbst. Es stand und wurde kund in unserem Bilde. Wenn sie zu euch so sagen: Wer seid ihr?, sagt so: Wir sind seine Söhne, und wir sind erwählt von dem lebendigen Vater. Wenn sie euch fragen: Welches ist das Siegel eures Vaters an euch?, sagt ihnen so: Es ist Bewegung und Ruhe.*

Alte Flurnamen erinnern manchmal noch an die vergangenen Zeiten. So etwa in Rüdigheim der „Teufelskopf“ und der „Judenberg“. Friedrich Elsässer lässt uns in dem Manuskript seiner Chronik auf den Seiten 123/124 wissen:

Innerhalb der Gemarkung Rüdigheim, in der Gewanne Teufelskopf liegen zwei Steine. Hier scheint mir die Stelle gewesen zu sein, wo alte Germanen ihrem Kult huldigten. Häufig im Laufe der Jahrhunderte sind diese Steine gehoben und umgedreht worden. Sie liegen in der Ost-West Richtung. Gegenüber den Steinen und dem Teufelskopf auf dem Judenberg liegt die Kirche.

Für den Kult der Germanen gilt der bereits oben erwähnte Tacitus in der Germania, Kap. 9 als Zeuge:

Nach germanischer Anschauung verträgt es sich nicht mit der Hoheit der Himmlischen, die Götter in Tempelbauten einzuengen oder menschliche Bilder von ihnen zu machen. Sie weihen ihnen Wälder und Haine und rufen jenes geheimnisvolle Wesen, das man nur dann zu schauen können meint, wenn man in ehrfurchtsvoller Andacht versunken ist, mit göttlichen Namen an.

Vom germanischen Stamm der Semnonen schreibt Tacitus (Germania, Kap. 39):

Zu einem feststehenden und regelmäßig wiederkehrenden Zeitpunkt versammeln sich die Abgesandten aller blutsverwandten Völker in einem Wald, der nach der Wahrnehmung der Vorfahren und durch die aus alter Zeit überkommene fromme Scheu als heilig gilt. Dort feiern sie ein grausiges und unheimliches Götterfest, das sie im Namen der Gesamtheit mit einem Menschenopfer einleiten. Auch sonst werden diesem Hain Ehrfurchtsbezeugungen zuteil: man betritt ihn niemals anders als in Fesseln, um dadurch gleichsam das Gefühl der eigenen Unterlegenheit gegenüber der Macht der Gottheit

[30] G. Condrau, Ich bin, ich weiss nicht wer, Wolfbach 2003.

sichtbar zu bekunden. Fällt jemand hin, darf er nicht aufstehen oder sich aufheben lassen. Am Boden wälzt er sich hinaus. Der ganze Kult will sagen, dass dort die allbeherrschende Gottheit wohnt, der alles andere auf Erden untertan und gehorsam ist.

Wenn wir die auf den Ziegeln abgebildeten Symbole in ihrer gedanklichen Konzeption tatsächlich entschlüsseln wollen, müssen wir sie, wie schon gesagt, im Kontext ihrer Entstehung, dem historischen Umfeld, dem sozialen Raum und ihrer sozialen Zeit und vor allem innerhalb ihrer bäuerlichen Gesellschaft, also im Spiegel ihres täglichen Lebens sehen, in der sie einen ganz bestimmten Platz und eine Funktion zu erfüllen hatten. Es bestand, wie wir wissen, damals noch eine enge und kontinuierliche Wechselbeziehung zwischen Mensch und Natur. Diese hatte die Einstellung der Bauern zum Universum, ihre Vorstellung davon und ihre Ängste, ihre Alltagserfahrungen geprägt. Mit diesen waren sie durch die Tradition, Symbole und Riten, eben durch magisches Brauchtum im Volksglauben verbunden. Die damaligen Zustände hatten so insgesamt ihre Berechtigung und können nur im Horizont dieser Zeit und aus ihrer Mentalität heraus beurteilt werden. Aus ihrem damaligen *Wirklichkeitsbezug*, aus der sinnlichen Gegenwart der Dinge, ihrem Wahrnehmungsfeld, ist ihre Zeichensprache wieder verständlich.

Das traditionelle Bauernhaus stellt weit mehr als einen „Unterschlupf" dar, es ist ein soziales Gefüge und mehr noch eine kosmogonische Einheit, Ausdruck der geistigen Beziehungen zwischen dem Menschen und all jenen Kräften, welche die Ordnung der Dinge bestimmen.
Es sind nicht die Bestandteile des Bauwerkes selbst, die den Menschen und sein Eigentum beschützen, denn das Haus an sich ist „transparent", sondern ein „magischer Schild" aus Zeichen, Markierungen und symbolischen Gegenständen garantiert diesen Schutz und bezeichnet die eigentlichen Grenzen der Wohnung.

Tatsächlich ist das Haus nichts als eine Anordnung von lebendigen Materialien, die aus der Natur hervorgegangen sind, die ihr noch immer angeboren und die noch immer von den gleichen Mächten heimgesucht werden: für den Menschen ist dies ein Zwischenaufenthalt, ein Zwischenaufenthalt voller angsterfüllter Vorstellungen. Er fühlt sich verzweifelt und nackt in seiner Schale.[31]

Die Tafel 20 bietet eine Übersicht zu den Bedrohungen für das Bauernhaus und die jeweiligen Gegenmaßnahmen. Aus den Anlagen und Bedürfnissen der Menschen, damals wie heute, lassen sich die Aufgaben des Hauses wie auch ihrer Siedlungen, Dörfer und Städte ableiten.

Der nüchtern und kritisch denkende Schweizer Tiefenpsychologe C. G. Jung (1875 – 1961), Gründer der analytischen Psychologie, nannte solche Symbole aus der Bibliothek des menschlichen Geistes, die im kollektiven Unbewussten der gesamten Menschheit vorhanden sind, *universelle Archetypen*. Mit einem Götzenkult oder mystischem Unsinn bringe ich diese *seelischen Urbilder* mit ihrer verborgenen Bedeutung als potenzielle Energiespeicher und demnach das Verhalten der Ziegler, wie schon gesagt, nicht in Verbindung. Jung schreibt:

Die vollständige und ausgewogene menschliche Psychologie ist ihrer Natur nach vierfach, so wie es durch das universelle Sonnenmandala dargestellt wird. Wenn der Geist dieses Symbol erforscht, wird er zu Ideen geführt, die jenseits des verstandesmäßigen Erfassens liegen.[32] *Das Ich gibt es nur in seinem Bezug zur Vergangenheit.*[33]

[31] H. Fillipetti/J. Trotereau, Zauber, Riten und Symbole, Lizensausgabe für Pawlak, Verlagsgesellschaft mbH, Herrsching für Verlag H. Bauer KG, Freiburg im Breisgau 1992.

[32] Entnommen aus: D. Monroe, Merlyns Lehren, Verlag H. Bauer KG, Freiburg i.B. 1996, S. 65.

[33] C. Gudehus/A. Eichenberg/H. Welzer (Hrsg.), Gedächtnis und Erinnerung, J. B. Melzer Verlag, Stuttgart 2010 (Ohne Gedächtnis haben soziale Situationen überhaupt keinen Referenzpunkt. Es hat eine soziale Komponente).

In den Symbolen, den Zeichen, Bildern, Worten usw. sind Teile des Gedächtnisses (aus dem Inneren - dem Gehirn) ausgelagert und abrufbereit darin gespeichert. Wie diese im Gehirn (im genetischen Material vorhanden) abgespeicherten Konzepte (ähnlich denen, wie sie bei der Wahrnehmung von Sinneseindrücken vorhanden sind) abzurufen sind, ist nicht immer zu erklären, können wir doch noch nicht einmal die Gedankengänge unseres eigenen Verstandes immer erklären. Wir können aber das Unbewusste nicht deshalb ausschließen, weil diese Dinge außerhalb unseres Wahrnehmungsbereiches liegen. Jeder trägt das Los einer Ahnenkette mit ihren Wurzeln, Erinnerungen und Erlebnissen, Verbindungen und Hintergründen unbewusst in sich. Wir sollten die hierfür Veranlagten, die auf ihrer Spurensuche zum *kollektiven Unbewussten* einen besonderen (ahnungsvollen oder intuitiven) Zugang zu bestimmten Bewusstseinsebenen, zu den Offenbarungen und den verborgenen Reichen der Natur haben, versuchen zu verstehen.

Bei feinfühligen Menschen mit erhöhter Sensitivität und einem besonderen emotionalen Verständnis, bei denen die irdische ruhelose Welt des bloßen Glanzes und der Äußerlichkeiten, die Hinneigung zum Materiellen, die bloße Faktenorientiertheit, ihr Denken, ihr Gewissen und ihre Seele durch diesen emotionalen und mentalen Druck nicht zu sehr belastet haben, sollen diese *Seelenbilder* nach den Gesetzen der Evolution von Form und Bewusstsein noch heute, so wie Wörter als *Wirkungen des Denkens*, in der Reflexion ihre emotionalen und spirituellen Kräfte ausüben. Es sollen unbewusste Effekte und bestimmte anziehende Energieimpulse von den schweigenden Zeugnissen ihres ehemaligen Lebens zu ihren Lieben ausgehen. So man sich mit Empathie und Unvoreingenommenheit durch Assoziation und Erinnerungen, die sich (kontemplativ) mit den Objekten verbinden, Zeit nimmt und es bei voller Herrschaft über sein Bewusstsein wagt, sich der Vergangenheit ohne vorgefasste Vorstellungen auszusetzen. Es ist immer eine Begegnung mit Gefühlen wie Angst und Freude, Lust und Leid, dem Leben

eben. Die Vergangenheit kann auch schmerzhaft empfunden werden. Emotionen durchziehen unser gesamtes Leben. An allen Entscheidungen sind sie, in welcher Form auch immer, zentral beteiligt. Man sollte sich nicht allein auf das Gefühl verlassen. Ähnlich verhält es sich mit dem intuitiven unmittelbaren Denken, welches sich bereits als Urteil und oft dann als Bremse vor das bewusste rationale und logische Denken gestellt hat.

Nach wie vor gilt auch heute in der *modernen* Welt noch das Wort des Psalmisten, dass wir unsere Jahre zubringen wie *ein Geschwätz* (Ps 90, 9). Man muss die Dinge wohl so gründliche betrachten, damit man dann in der Lage ist, sie auch geistig nachvollziehen zu können. Ihre Beweggründe, ihre Aussage mit ihrem Wahrheitskern wird man allerdings erst entdecken, wenn man weiß, dass die Symbole, die Dinge das Ergebnis oder der Extrakt einer Sache sind. Haben wir die Fragestellung gefunden, wird das Ergebnis uns leichter erklärlich und ihre Magie in der Gegenwart fortleben. Die Gefahr ist groß, die Vergangenheit und die Verhaltensweisen der Menschen unter dem Maßstab der Gegenwart und der modernen Lebenswelt mit ihren eigenen gewandelten ethischen und sozialen Normen (als menschlicher Konstruktion) zu sehen und (moralisch) bewerten zu wollen. Oft ist es gerade die Einfachheit eines Symbols, um aus ihr die Essenz der Information zu gewinnen. Gerade diese Allgemeinverständlichkeit machte es so einfach sie zu transportieren.

Vielleicht sollten wir lernen, die Welt wieder in der unbefangenen Wahrnehmungsweise von und mit Kinderaugen zu sehen.[34] Als

[34] Ethnologen haben etwa Anfang des 20. Jhs. entdeckt, dass archaisch lebende Völker nicht in der dualistischen Welt, im dualistischen Weltbild leben. Sie empfinden nicht: Ich bin hier, und dort ist die Welt, sondern sie erleben das Ich oder Mich in Einheit mit der Welt. So ist es auch beim ganz kleinen Kind. Zitat aus einem Vortrag des Seminars „Kunst und Erkennen“, das Georg Kühlewind vom 9.-12.9.2005 in Baruth gehalten hat. Vorgestellt von Ingrid Haselberger in www.egoisten.de/autoren/haselberger.

Kinder haben wir mit einem (kindlichen) universellen Allgefühl die Essenz der Bildersprache *unbewusst* verstanden (*Ich sehe nur, wovon ich weiß*). Lassen wir die Bilder einfach auf uns einwirken und beobachten, was sie an Emotionen und Assoziationen in uns auslösen. So wir sie dann tiefenpsychologisch deuten, kommen manchmal nicht nur Wahrheiten über die menschliche Natur zum Vorschein, auch Erkenntnisse aus längst Vergessenem tauchen wieder auf. Kinder denken verstärkt auch emotional mit dem ganzen Körper. Man sagt auch mit dem Herzen, wo wir bei ausgeschaltetem Verstand die innere Stimme (des Herzens) hören. Die Dinge sind nicht immer das, was sie zu sein dem Verstand vorgeben. Wir wissen, wenn Emotionalität mit Erinnerung verknüpft wird, steigt die Erinnerungsleistung, aber auch die Neigung, sich das Erlebte im Nachhinein so zurechtzulegen. Es schrumpft das Zusammenhalt gebende Gewebe der Erinnerung. Im Spiegel der Zeit und des Zeitgeistes geht es darum, die jeweilige Geisteswelt in ihrer historischen Dimension sinnfällig zu ordnen. In späterem Alter übernimmt der Verstand stärker die Führung im Kopf und im Leben. Wir können der in Bildern hinterlassenen zeitlosen Spur folgen. Das Oberflächige und das Trügerische des Erinnerns verschwinden. Geist und Sein verbinden sich in einer unverstellten Wahrnehmung.

Wenn ihr nicht wie die Kinder werdet, könnt ihr nicht in das Himmelreich kommen (Mt 18, 3). Das Neue Testament gibt eine Antwort. Aber auch die Tugenden, die für den Eingang in das Himmelreich erforderlich sind, finden sich in den prägnanten kurzen Sätzen, die als *Seligpreisungen* (Mt. 5,3 - 12) bekannt sind.

Jeder Form, dazu gehören auch Sprache und Musik, liegt ein Energiemuster zugrunde. Von Objekten der Kunst soll eine besondere ästhetische Kraft ausgehen. Sie verkörpert Erinnerungen an Menschen, die sie einmal geschaffen haben. Dieses Phänomen wird in der Philosophie Noumenon genannt, also etwas, was mit dem Geist, nicht mit den Augen erkannt werden kann. Jede Form hat Eigenschaften, welche die Art der Schwingungen in unserer Umgebung beeinflussen. In der Selbstbefragung (in der Einkehr in uns selbst) oder meditativen Besinnung regen sie neugierig zum forschenden Nachdenken über ihren Entstehungshintergrund und über eine sich ununterbrochen verändernde Wirklichkeit an. Im Speziellen geben die jeweiligen Formen (zumeist geometrische), wie vorher evolutions- bzw. entwicklungsgeschichtlich als unverändert beibehaltenes Verhaltensmuster der Vergangenheit plausibel dargestellt,[35] auf den Ziegeln ihre spezifischen (Wunsch-) Energien und eine ihnen innewohnende Existenz in der Meditation je nach Bewusstseinstiefe auch heute noch, je nach der Intensität ihrer Vorstellungen und Ideen mit der sie geschaffen wurden, in ihren Dimensionen weiter. Die Macht der Formen bleibt erhalten. Der englische Philosoph C.D. Broad, ehemals Cambridge, war der Meinung,

> *dass die Funktion des Gehirns, des Nervensystems und der Sinnesorgane hauptsächlich eliminierend und nicht produktiv sei ... um uns davor zu schützen, durch größtenteils unnützes und belangloses Wissen überwältigt und verwirrt zu werden und das meiste dessen auszuschließen, was wir sonst in jedem Augenblick wahrnähmen oder an das wir uns erinnerten, und nur eine sehr kleine und spezifische Auswahl dessen übrig zu lassen, was von praktischem Nutzen ist.*

Um nicht alle Ziegel mit dem vollständigen Sonnensymbol zu kennzeichnen, hat man nur die halbe Sonne auf nur einem Ziegel gewählt. Das Auge, bzw. der auf Symmetrie und Harmonie geschulte Geist, kann in der Vision, d.h. in der Kunst sich etwas sichtbar vor Augen zu stellen, automatisch den Halbkreis zur vollständigen Scheibe der Sonne vervollständigen. Es entsteht ein Kreis, das Zeichen für Bewegung, Dynamik und Leben. Der

35 Aldous Huxley (1936) aus einer unveröffentlichten Rede, zitiert in N. Hamphrey/R.J. Lifton (Hrsg.), In a Dark Time, London 1984.

mit Fantasie begabte kreative Mensch gestaltet aus seinem inneren Reichtum heraus.[36]

Der Geist ist nach der Theorie lebender Systeme (nach Bateson und Maturana) nicht ein Ding, sondern ein Prozess. Oder sollte ich statt Geist hierfür besser das aktive Information verarbeitende Denken setzen, welches das ungewohnte Symbol der Sonne in einem innergeistigen Erkenntnisprozess wieder zur ganzen Scheibe vervollständigen wird, so wie es im Gehirn nach seinem Verständnis fest verankert ist?

Die Erde dreht sich um die Sonne. Die Sonne ist der Mittelpunkt. Auf diesen bezieht sich alles. Schon vor Kopernikus war Astronomen der Antike (Aristarchos von Samos) das heliozentrische System bekannt.

Der Mensch sucht in allem immer nur sich selbst, seine Vollkommenheit. Durch diese Reparatur (durch Geist oder/ und Denken) seines Ich oder Selbst, bzw. des in ihm bereits Abgespeicherten, ist seine Welt wieder in Ordnung, vollständig. Der Mensch ist so ein ewiger Reparaturbetrieb, auch ein Grund für seine Kreativität, seinen Stimmungswechsel, seine Fehleinschätzungen und einen permanenten Wandel, immer in Bewegung im Denken mit der ihn treibenden Hoffnung, irgendwann in der Zufriedenheit seines eigenen Ichs, bei sich selbst zu Hause anzukommen.

Oder nach Tipler[37]:

Das Leben wird als Informationsverarbeitung bis ans Ende der Zeit weitergehen.

[36] Oder, um Aristoteles noch einmal zu bemühen: Er bezeichnet das Vorstellungsvermögen (phantasia) als notwendige Bedingung für die Vernunft, welche die Erkenntnis hervorbringt. Diese Tätigkeit wird als eine Bewegung definiert, die durch den Vollzug der Sinneswahrnehmung erzeugt wird. (De Anima III 3 428b30-429a2) D.h. das Denken vollzieht sich bei ihm nur durch Vorstellungen, die aus der Sinneswahrnehmung abgeleitet sind. In der späteren latinisierten Fassung Nihil est in intellectus, quod non prius in sensu, (Nichts ist im Verstand, was nicht zuvor in der Sinneswahrnehmung war. Siehe auch http://de.wikipedia.org/wiki/De_anima).

[37] F.J. Tipler, Die Physik der Unendlichkeit, Moderne Kosmologie, Gott und die Auferstehung der Toten, Piper, München und Zürich 1994.

Folgerichtig sagt er:

Die menschliche Seele ist nichts anderes als ein spezielles Programm, das in einer Gehirn genannten Rechenmaschine abläuft. Und weiter an gleicher Stelle: Der Christengott ist ein Gott der Liebe und der Gnade, ein Gott, der jedem einzelnen menschlichen Wesen ewiges Leben schenkt, usw.

Frank. J. Tipler versucht in einer Mischung von Wissenschaft und Religion die Omegapunkt-Theorie als eine besondere physikalische Theorie zu beschreiben, die besagt, dass ein allgegenwärtiger, allwissender, allmächtiger Gott eines Tages in der fernen Zukunft jeden einzelnen von uns zu einem ewigen Leben an einem Ort auferwecken wird, der in allen wesentlichen Grundzügen dem jüdisch-christlichen Himmel entspricht. Sollte er sich in einer 4. oder weiteren Raumdimension befinden, welche es mathematisch berechenbar theoretisch geben könnte? Aufgrund des quantenphysikalischen Phänomens der Verschränkung kommen namhafte und vertrauenswürdige Physiker, z.B. Anton Zeilinger oder Hans-Peter Dürr, Markolf, H. Niemz, John A. Weeler, Jeremy Hayward, zu dem revolutionären Schluss, dass es eine physikalisch beschreibbare Seele gibt und diese, einschließlich des Bewusstseins, auch nach dem Tod existiert.

Die in der Mitte des Ziegels angebrachten Schalen, Muscheln des Meers, Sicheln des Mondes oder hohlen Handflächen gleich, mögen das beschützende, behütende und Geborgenheit verheißende Element versinnbildlichen.

Diese Symbole haben nicht nur ihre Schöpfer gekannt. Auch die unter den Dächern Wohnenden kannten ihren Wahrheitsgehalt. Vielleicht schafften sie es mitunter, Einblicke in die Gefühlswelt ihnen nahestehender Menschen zu geben, ihre Seelen zu berühren. Die alte Wahrheit *Energie folgt den Gedanken* (Grundgedanke des Yoga) wird im Erinnern, Suchen, Finden und Vergessen – und immer so fort, ihre segnende Wirkung schon entfalten. Man musste es gewusst haben.

So segneten die Ziegler mit ihren frommen Zeichenwünschen und Gebeten das Haus und ihre Bewohner. Ob es nun bewusst oder unbewusst geschehen ist, mag dahin gestellt bleiben. Man kann es auch weniger metaphysisch sehen. Am Anfang standen eine feste Absicht, ein Sinn und eine Funktion hinter diesen Bildern der Ahnen. Als individuelle bzw. kollektive Bedeutungsträger und Denkmittel verbanden und führten sie auf ihren Assoziationsbahnen (auch durch emotionale Empfindlichkeiten) zu Gemeinschaften und begründeten durch diese Kommunikation einen idealistischen machtvollen, sozialen Zusammenhalt über Generationen hinweg. Liebe verschenkt sich.

Der in den Formen symbolhaft sich zeigende Wille ihrer Absender, ihre Einsicht, Erfahrung und persönliche Verbindung bzw. die Metaphysik ihrer Schöpfer (als Seelenzustände und Sinneswahrnehmungen), können wissenschaftlich mit Hilfe der Hermeneutik[38] als Zeitsignaturen aus ihrem geschichtlichen Kontext heraus in ihrer Bedeutung wohl erfasst, interpretiert und aus der Seh- und Denkweise der damaligen Gesellschaft für Kundige als lebendiges Gedächtnis begründet werden. Dies ist auch aus Kopien der fraglichen Gegenstände möglich. Ihre Aura erfassen sie nicht.39

Der Vollständigkeit halber will ich noch anfügen, dass nach der alten Lehre vom Hylozoismus, die besagt, dass alles, vom Atom bis zu den entferntesten Planeten in gewisser Weise belebt ist, d. h. dass sich unsere Gedanken (unser Bewusstsein) mit anderen

[38] „Die Hermeneutik als wissenschaftliche Methode, die im Unterschied zur erklärenden der Naturwissenschaft gesetzt wird, will Äußerungen und Werke des menschlichen Geistes, Texte, Kunstwerke oder überhaupt das menschliche Verhalten und geschichtliche Ereignisse aus sich und in ihrem Zusammenhang verstehen und ihren Sinn erschließen. Sie wird angewendet auf theolog., jurist., philolog., archäolog., literar., kunstwissenschaftl. und musikalischem Gebiet.“: Der neue Brockhaus, F.A. Brockhaus, 6. Auflage, Wiesbaden 1979).

[39] Im Sinne von W. Benjamin, Das Kunstwerk im Zeitalter seiner technischen Reproduzierbarkeit, dt. Fassung 1939, in: Zeitschrift für Sozialforschung, Gesammelte Schriften Band 1, Frankfurt am Main 1980, S. 477.

Lebewesen verbinden können.[40] Die segnenden Gedanken der Menschen, welche die Werke, sicher nicht durch eigene Findigkeit und Innovationskraft, sondern nach Vorgaben in der Sehweise und dem Wirklichkeitsgefühl ihrer durch die Zeit gegebenen Gedankenwelt geschaffen haben, sind mit den Originalen verbunden. Sonst kämen sie nicht so oft vor. Der Mensch kann Energien durch Formen auf Dinge übertragen. Das Wasser im Lehm ist ein hervorragender Träger. Im gebrannten Ziegel sind die vier Elemente von Erde, Wasser, Luft und Feuer verbunden. Muss man davon ausgehen, dass die Kraft der Veränderungsenergie und des Willens zur Vereinigung mit dem Höchsten, die dem Christentum innewohnen und die dadurch angetrieben durch die Sehnsucht aus dem kollektiven Unbewussten aufsteigt, sich immer noch bemerkbar macht? Der Priester segnet das Weihwasser, die Täuflinge, er spricht Gebete usw. Es ist das der Wissenschaft noch fremde Gebiet der Religion. *Die Tatsache, dass es mehr als eine Interpretationsweise für die Welt der äußeren Erfahrung gibt, könnte letztlich darin begründet sein, dass es mehr als nur eine Art von objektiver Realität gibt.*[41]

Auf dem Gebiet der Psychologie gibt es hierzu u. a. von Erich Neumann (1905 – 1960), einem Schüler von C. G. Jung, Erklärungsversuche. So schreibt er z. B. in *Die mythische Welt und der Einzelne*[42] unter I.

40 Enst Haeckel erklärt: Jedes Atom besitzt eine inhärente Summe von Kraft und ist in diesem Sinne "beseelt"... Lust und Unlust, Begierde und Abneigung, Anziehung und Abstoßung müssen allen Massen- Atomen gemeinsam sein (Die Perigenes d. Plastid. S. 38 f). Die „Plastidulen" (belebte Atomcomplexe) haben ein unbewusstes Gedächtnis (ib.). Masse und Äther besitzen Empfindung und Willen, sie „empfinden Lust bei Verdichtung, Unlust bei Spannung; sie streben nach der ersteren und kämpfen gegen letztere" (E. Haeckel, Die Welträtsel, Nikol Verlag, Hamburg 2009, S. 254 f.; so auch J. G. Vogt).

41 E.D. Starbuck, The intimate senses as sources of wisdom, Journal of Religion 1, 1921, S. 129-145

42 E. Neumann, opus magnum 2005, www.opus-magnum.de/neumann/mythwelt/.

(1) Auf den ersten Blick scheint der Gegensatz zwischen der „mythischen Welt“ und dem „Einzelnen“ dem uns bekannteren Gegensatz zwischen dem Unbewussten und dem Ich zu entsprechen. Die Welt des Unbewussten ist ja wesentlich die Welt der Archetypen, die Archetypen sind aber gerade auch „mythologische Motive“, d. h. ihre Projektion konstelliert die mythische Welt. Ebenso scheint das Ich, das in der Mitte unseres Bewusstseins steht, das Wesen des Einzelnen und seine Individualität auszumachen.
(2) In Wahrheit ist aber die psychische Situation komplizierter und problemreicher. Die mythische Welt ist nicht einfach Welt des Unbewussten, sondern steht zur Welt des Bewusstseins in vielfältigen positiven und negativen Beziehungen, und umgekehrt reicht der Einzelne, auch wenn er als Ich in der Mitte des Bewusstseins zentriert ist, als Individualität tief hinein in die Mythische Welt.
(3) Das eine können wir jedoch zunächst mit Gewissheit aussagen: Die mythische Welt stammt nicht aus dem Einzelnen, sondern geht ihm voraus, ebenso wie das Unbewusste dem Ich und dem Bewusstsein vorausgeht, die ihm entstammen. Aber die zum Wesen der abendländischen Kultur gehörende Entwicklung, deren letzte psychologische Phase wir Individuation nennen, ist – ebenso wie die Entwicklung des Ich aus dem Unbewussten – charakterisiert durch die unablässige Anstrengung, sich aus der Umklammerung der mythischen Welt zu befreien, sie ist der unaufhörliche Versuch der menschlichen Persönlichkeit, zur Eigengeburt und zur Selbstwerdung zu gelangen.

Jean Gebser (1905 – 1973) unterscheidet dann in seinem Werk *Ursprung und Gegenwart* zwischen vier verschiedenen Bewusstseinsphasen der Menschheit. Er sieht unsere Zeit als reif, dass der Übergang vom mentalen zum integralen Bewusstsein vollzogen wird.

Was ist geblieben von diesen *einfachen* Menschen, den Bauern, Arbeitern und Gläubigen, denke ich z. B. an die Johanniter, die in schwerer Zeit Bedürftigen geholfen haben? Nur Klagen über herbe Fron und karge Lebensweise oder doch noch mehr? Oft war ihre Aufgabe die bloße Gegenwart mit ihrer unmittelbaren Herausforderung und Bewältigung. Nicht anders als für viele auch heute noch. Oder hatten sie in Kenntnis der gesellschaftlichen Wirklichkeit, den Strukturen der Macht, ihrer Umstände und Ideale und ihrer harten Realität damals ein anderes Verhältnis zum Leben, zur Verantwortung und zum Glauben? Gibt es noch verlorengegangene ewige Wahrheiten hinter dem Leben? Etwa, *Wer nichts hat, hat alles*, wie es ein alter Spruch der Zigeuner weiß? Oder sah sich Gott, so Leibniz, genötigt, das Böse zuzulassen, um das Gute befördern zu können? Der Zugang zur Metaphysik, zu höheren Sphären mag für Künstler offen und wohl notwendig sein, mir irdischem Menschen ist er verschlossen. In eine Glorifizierung des *einfachen* Lebens der damaligen Menschen mit einer angenommenen solidarischen Lebens- und Arbeitsform möchte ich genauso wenig einstimmen und ihnen das Wort reden, wie einer romantischen Ziellosigkeit, einer Sehnsucht nach Ferne, nach Einsamkeit und nach dem Unbekanntem, wie sie manchmal in der bunten Fantasie des Volkes zu Hause zu sein scheint. Unsere Wahrnehmung hat sich mit den gesellschaftlichen Veränderungen geändert. In der immer rascher zunehmenden Beschleunigung der Zeit verliert sich ein historisches Bewusstsein, vor allem ein Bewusstsein von der eigenen Geschichte. So verlieren wir die Fähigkeiten, das mühsam Erreichte zu erkennen und weiter zu reichen.

In Jahrhunderten sind in Europa eine relative Offenheit für das *Fremde* und eine damit einhergehende Toleranz für andere Kulturen gewachsen. Sie haben zu einem Umdenken, wenn nicht zu einem Umbruch, zu mehr Pluralität, Demokratie und letztlich individueller bürgerlicher Freiheit (innerhalb der Alltagskonventionen) und persönlicher Verantwortung geführt. *Achte den anderen wie dich selbst.*

Im Vergleich von strukturellen Ähnlichkeiten, die es überall auf der Welt noch gibt, können wir in psychologisch nachvollziehbaren Schlüssen ein Verständnis für frühere (Zeit-)Verhältnisse der Menschen mit ihren Lebenszielen in ihren kulturell-historischen Dimensionen, ihren Bedürfnisse und Werten, ihrer Mentalität finden, auch wenn das veränderte ökonomische und soziale Spiegelbild nicht genau diesem mehr entspricht (Siehe auch die Forschungsergebnisse von Leo Frobenius).

Eine Antwort bekam ich so bei meinem letzten Aufenthalt im Juni 2010 auf der (Töpfer-) Insel Djerba/Tunesien von einem einheimischen Hotelangestellten, der am Strand für das Verteilen von frischen Badetüchern in der für die Tuareg (einem Berbervolk. Auf Arabisch nannte man die *Herren der Wüste* auch die *Mulaththimun*, die mit dem blauen Tuch, dem *Litham*, Verschleierten) typischen blauen Farbe für die dort aufgestellten Liegen und für die Aufsicht über die Badenden am und im Meer zuständig war. Alle nannten ihn Mohammed. Viele Männer hießen hier so wie der Prophet des Islam. Warum sollte er nicht so heißen? Der Einfluss und der Stellenwert der Religion, der Kirche und des Glaubens, auf das private und öffentliche Leben ist hier noch so stark wie bei uns vor den Zeiten der Säkularisierung und Liberalisierung und den Zeiten des Niederganges des Handwerks infolge der Industrialisierung in Europa, dem fortschreitenden technischen Fortschritt und dem wissenschaftlichen Vernunftglauben. Letztere führte zu einer teilweisen Entwurzelung der Menschen. Auf die Frage, ob er zufrieden mit seiner Arbeit sei, antwortete Mohammed in entspanntem Plauderton freundlich, selbstgewiss und ohne nachzudenken: *Je respect mon travail*. (Auf Deutsch: *Ich respektiere meine Arbeit*). Sein Blick war klar, schwarzsamten leuchteten seine Augen aus einem offenen Gesicht. *Ich gehe meinen geraden Weg*, musste er noch anfügen (War dies das Bibelwort: Es geschieht dir, wie du geglaubt?). Und: *ich schätze die europäische Kultur und besonders Frankreich*.

Diese Erklärung entsprach wohl seiner eigenen Erfahrung, seiner inneren Einstellung und Gesinnung, seinem Wesen und seiner Natur, das was ihn ausmachte: direkt, einfach, normal und unabhängig. Sie hatte für ihn eine grundsätzliche Bedeutung von allgemeiner Gültigkeit. Sie hatte seinem Leben eine Form gegeben, eine unverwechselbare, aus der er seine Kraft zog und die ihn wohl ein Leben lang nähren wird. Mit beiden Beinen stand er auf dem Boden der Tatsachen. Dabei muss man wissen, dass vergleichsweise ein Kellner dort ca. 150 Euro Brutto im Monat verdient. Der größere Teil davon rührte von Trinkgeldern her. Und das ist im Vergleich zu z. B. Ägypten (zurzeit etwa 30 Euro/Monat) sehr viel, wenn man denn überhaupt eine Arbeit hat. Die Arbeitslosigkeit gerade unter Jüngeren ist sehr hoch. Die kulturelle Entwicklung, die Bildungsbedingungen, die soziale Prägung und Wirklichkeit im Maghreb, kurz, die gesellschaftlichen Bedingungen insgesamt, auch aufgrund bestehender politischer Zwänge durch die diktatorischen Herrschaftsverhältnisse, sind ebenfalls andere.

Rührte aus der Erkenntnis *seines Weges*, seine derzeitige Station darauf und aus der Akzeptanz dessen, was er war und hatte, seine auffällige Zufriedenheit her, die ihm den Schein eines besonderen Seelen- und Geistesfriedens gaben?

Die Welt der Urlauber, die im Vergleich zu ihm im materiellen Wohlstand leben, haben seine Sicht der Dinge, seine Lebenshaltung und seine konkrete Verfasstheit, nicht trüben können. Er kann sich nicht alles kaufen. Gut, damit kann er leben. Wo soll er sonst hingehen? Auch gut, da wo er ist, zahlen die Leute viel Geld, um das Leben hier fern ab von den Welten einer Medien-, Konsum- und Modediktatur, fernab von Leistungsorientiertheit und damit einhergehender permanenter Unruhe und einsamer Isolation des einzelnen Menschen zu genießen. Das alles hatte er längst als unrealistisch mitsamt einigen Pseudowerten mancher Europäer erkannt. Materieller Wohlstand bringt nicht immer gleich emotionales Glück. Er konnte es täglich am Strand oder

Pool beobachten. Der Wirklichkeit verweigerte er sich nicht. Der auf die eigene Schaffens- und bescheidene Gestaltungskraft gründende Selbstbehauptungswille und seine Lebenserfahrung waren ihm wichtig genug, um sie in der Bindung an seine Arbeit auch so zu leben. Gedanken an eine Freiheit im Sinne unseres politischen Freiheitsverständnisses, bei der wir Freiheit als Ausdruck individueller und personeller Autonomie verstehen oder so wie sie die Urlauber leben, scheint er sich nicht gemacht zu haben. Freiheit war ihm keine Last, mehr ein Geschenk. Er war für *seine Urlauber* da. Er nahm Anteil an ihrem Leben, ging eine Strecke ihres Weges gemeinsam mit ihnen. Es genügte ihm. Er war es zufrieden. Er musste in dieser für ihn überschaubaren Existenzweise trotz aller Entwicklungsunterschiede, der autokratischen Führung des Landes und Ungleichwertigkeit der Lebensverhältnisse seine eigentliche Bestimmung, seine moralische Selbsterhaltung, die Erfüllung seines Lebens, das was ihn ausfüllte, sein Sein und Sinn zum Leben, gefunden haben. Ihm folgte er ohne sich gedanklich scheinbar in andere Proportionen und Strukturen einzupassen, die seine Sicht der Dinge beeinträchtigen konnten.

War die Freude am Tun oder das verantwortliche Handeln, das sich Kümmern um andere, sein Arbeitsethos, ein wesentlicher Teil seines Lebens? Auch wenn er nicht immer frei und offen reden konnte. Er wusste um den Wert seiner Arbeit. Sie brachte ihm einen bescheidenen Wohlstand und Zusammenhalt innerhalb seiner Familie. Das soziale Verhältnis zwischen den Menschen und der Gemeinschaft ist in diesen Ländern mit totalitären Staats- und Organisationsformen viel intensiver als bei uns, aber auch mit Angst und anderen Risiken und Hindernissen besetzt.

Ist es die Einstellung, die Spiritualität oder, wie der Christ weiß, der lebendige Glaube einer *humanitären Religion*, der auf Gottes Zuwendung vertraut, ein erweitertes Bewusstsein, an dem die Gedanken einen Halt und Orientierung im Leben finden und welcher aus den Taten spricht, gestern wie heute, welche bzw.

welcher den Menschen Kraft, Lebensfreude, Wertschätzung für den anderen und geistige Fröhlichkeit zur Erfüllung seiner Aufgaben gibt? Finden sie darin das Glück und den Frieden (hurija) für sich und ihre Umgebung? Leben sie noch nach althergebrachter Weise nach einer *natürlichen* Religion aufgrund persönlicher Erlebnisse und Erfahrungen, deren Sinndeutung seit eineinhalb Jahrtausenden aus den Lehren, Lebenswelten und Vorstellungen des Koran zu entnehmen sind, ohne maßlos und raffgierig zu sein? Muss man auch den Willen Gottes, die unmittelbare unhinterfragbare Einsicht der Seele, auf sich einwirken lassen? An das glauben und lieben, was man tut? Sich selbst immer treu bleiben? Das Leben annehmen? Mensch unter Menschen sein. Warum nicht in Form einer Zwiesprache mit sich selbst (Gott), einer religiösen Selbstreflexion und die seiner eigenen Vergangenheit und seines Ursprungs, wenn man seine ganzen Geheimnisse, Tiefen und Bedeutung und seiner Verantwortung darin erkennen will?

Die Zeit ist nicht stehen geblieben. Europäische Vorbilder mit ihrem Wesenskern der universalen Geltung der Menschenrechte, dem Rechtsstaat, der Gewaltenteilung, der Gleichberechtigung von Mann und Frau und Maßstäbe einer Zivilisationsgesellschaft mit einer politischen Teilhabe am allgemeinen Leben dringen, nicht zuletzt über das Internet, in das Bewusstsein weiter Teile der Bevölkerung. Langsam übernehmen diese Länder mit ihren weitgehend entpolitisierten Gesellschaften neben dem ökonomischen System Europas, auch Westen oder Abendland genannt, die Verhaltensweisen dieses lateinischen Nordens, mit ihrer Wettbewerbsmentalität und ihrem mimetischen (Mimesis = Nachahmung) Begehren.[43]

[43] Der Begriff der mimetischen Theorie stammt von René Girard, geb. 1947, in seinen Schriften Des choses cachées depuis la fondation du monde (1978) und Der Sündenbock (frz. Erstausgabe 1982).

Der Weg zum Selbst, der Selbst-Entfaltung, der oft durch das von den Verführungen der Sinne beeinflussten Ich verstellt und verwirrt wird, würde der Psychologe sagen, ist erst nach einer Beruhigung der Gedankenwellen (den Regungen des Geistes) in einer Reinigungs- und Vereinigungsphase möglich. Durch eine Synthese beider Kräfte kann es dann zu einer harmonischen Balance zwischen der Seele und der Persönlichkeit kommen, der *von der Seele durchdrungenen Persönlichkeit.*

Der Mensch kann im Nachdenken über die Welt und über sich selbst (persönliches Gewissen als Maßstab menschlichen Handelns) *Gott erkennen* (2. Vatikanisches Konzil). Auf der Suche nach der (seiner) Seele wächst nicht nur ein in sich ruhendes Weltbild und eine besondere Form von Weltgewissheit, die Angst z. B. vor fremden Glaubensvorstellungen, schwindet. Der in sich ruhende Mensch strahlt Vertrauen aus. Wahrscheinlich vermag er auch tiefer und weiter zu schauen.

Ohne die Realität zu leugnen und sich dem Zwang zum Optimismus nach der aus Amerika zu uns gekommenen Ideologie des positiven Denkens hinzugeben, kann er sich seiner Gefühle (etwa, wie es gestresste Menschen z.B. durch mentales bzw. autogenes Training, Hinführung zur Stille, zur Meditation oder der Imagination lernen, so er nicht beten kann oder will) bewusst werden, seine Ideen in Ordnung, in ein System bringen und im Erleben von Dankbarkeit, Freude und Glück seine Lage zu akzeptieren lernen und sich damit *seelisch über Wasser halten.* Warum war Mohammed äußerlich so immun gegen die Zeitgeistströmungen Europas? Waren es die geschichtlich überkommenen und gewachsenen Strukturen, eingeschlossen die des religiösen *hier so Verankertseins*? Hatten sie sein seelisches Wachstum ermöglicht? Oder war es doch mehr eine intuitive Seite, welche durch die Einfachheit seines Lebens und seine –umstände bedingt, ihm die Gunst der Muße lieh und ihm die Zeit für Überlegungen gewährte? Inspirierten und regen sie ihn so auf natürliche Weise an, seine Aufgaben und seinen passenden Weg im schöpferischen Sinne zu finden?

Durch Wahrung der eigenen Identität (eingeschlossen der Erinnerung) in einem ganzheitlichen Sinne muss man auch bei uns in einer zunehmend utilitaristisch geprägten Gesellschaft schon in sich selbst Vertrauen und Selbstachtung haben. Die Bereitschaft zur Selbstwahrnehmung und –Veränderung, neben dem Üben von Selbstdisziplin, kann helfen. Der am Gemeinwohl mitwirkende Mensch schafft es auch ohne diesen psychologischen Umweg.

Inschallah, so Gott will. In ihrem großen Vertrauen in dieses Wort zeigen gläubige Menschen in diesem alten Land ihre nach dem Koran her von Toleranz und Nächstenhilfe geprägte Sicht auf das Leben. Krieg und Terror lehnen sie ab (Die tatsächliche Praxis, keine soziale Gerechtigkeit, kein Leben in Würde usw. z. B. in Ägypten, Iran, Irak, Nigeria oder Pakistan kann nicht als *friedliebend* betrachtet werden). Die meisten Menschen, die ich hier kennengelernt habe, sind duldsam und friedfertig, in ihrer Art bedächtig und schlicht. Sie wünschen sich eine gute Arbeit und für ihre Kinder eine Zukunft mit den gleichen Standards und allen Menschenrechten, wie wir sie haben. Mit den radikalen Methoden einzelner autoritärer Muslime aufgrund von subjektiv geprägten Auslegungen und aggressiven Auffassungen des Koran, insbesondere der Begriffe des Dschihad (der Eroberung der Welt durch den Islam als letztem Ziel nach talibanischer Prägung) und der Scharia (des islamischen Rechts), dem so genannten *Islamismus und Extremismus*, dem politischen und radikalen Islam, ihrem elitären Bewusstsein und Missionseifer, dem mit dem Koran begründeten religiösen Absolutheits- und Überlegenheitsanspruch, dem intellektuellen Dünkel und einem damit einhergehenden *Ungläubige* (Sure 2, 116; 72-73) verachtenden und diskriminierenden Überlegenheitsgefühl bzw. Bewusstsein wollen diese nichts zu tun haben. Zu Recht wehren sie sich gegen eine Pauschalierung von *den Moslems* und fordern zur Versachlichung der Diskussion auf. Diese demokratische Glaubenslehre entspricht nicht dem Geist der islamischen Lehre, den Gedanken der Völkerverständigung und des Gleichheitsgrundsatzes. Schlagworte wie Zwangsheirat,

Beschneidung, häusliche Gewalt, um den eigenen Zorn auszuleben, passen genauso wenig wie die so genannten Ehrenmorde zu einer demokratischen Rechtsauffassung, zu einem europäischem Rechts- und Freiheitsverständnis und der westlichen Lebensart. Kulturelle Werte als Lebensstil müssen die ethischen Werte, die Rechte, Freiheiten und Würde des Einzelnen, Maßstäbe und Normen unseres Gesellschaftsvertrages, die auch eine religiöse Vielfalt einschließt, erfüllen bzw. dürfen ihnen nicht zuwider laufen. Sie passen auch nicht mehr zur naturwissenschaftlich-technischen oder der politisch-aufgeklärten Vernunft Europas. Es täte not zu erkennen, dass manche Texte des Koran und der Sunna, der Prophetenüberlieferung, als zeitgebundene Dokumente zu betrachten sind. Der Koran ist ein von Menschenhand verfasstes Buch. Man sollte ihm mit Respekt begegnen. Er unterliegt der historischen Kritik und ist durch den Dialog in einer rationalen Ausdeutung allen zugänglich. Wir dürfen aber auch nicht verkennen, dass der Islam für manchen nicht nur eine Religion, sondern durch eine fundamentalistische Buchstabengläubigkeit eine Weltanschauung und eine politische Ideologie ist, die den Alltag von Menschen prägt. Es gibt Beispiele dafür, dass, wenn es zur Herrschaft des Islam, dann auch zur Scharia kommt, einer möglichen Gefahr zur Demokratie europäischer Prägung.

Mir scheint, in diesem Teil Nordafrikas, dem Maghreb, ist auf dem Weg der *ewigen Sehnsucht nach Transzendenz* noch ein Teil der Spiritualität der *Offenbarungswege Gottes* und des kirchlichen Wirkens zu spüren, wie er zu Zeiten der Nachfolger Jesu Christi, etwa eines Caecilius Caprianus (etwa 200 – 258), des christlichen Schriftstellers Tertullian (ca. 150 – 230) oder des von Berbern abstammenden großen Kirchenvaters Augustinus (354 – 430), im *ewigen* Speicher gelebter Zeiten und Räume, verankert vorhanden war. Die Vergangenheit schwingt in der Wiedererinnerung an früher (in der Präexistenz[44]) in der Resonanz

[44]Platon, Menon oder Über die Tugend, übersetzt und erläutert von Otto Apelt, 2. Auflage, Der Philos. Bibliothek, Band 153, Nachdruck 1998, Felix Meiner Verlag, Hamburg.

als belebender *Geist des Ortes* mit. In Demut, Mäßigung und Bescheidenheit vor ihrem Gott gehören die Menschen ihm doch ganz. Ihr absolutes Gottvertrauen ist aus der Gewissheit gewachsen, dass nichts geschieht ohne den Willen Gottes. Es ist die *Haltung, die aus der Gottesliebe erwächst und sich in Nächstenliebe ausdrückt.*[45] Sie erkennen Gott als eine höhere Macht an. Ihr Verhältnis zu ihm ist eine spirituelle Beziehung.

Ob es wohl stimmt, dass in der Armut der Mensch Gott am nächsten ist? Muslime legen Wert auf eine sittliche und tugendhafte Lebenshaltung, auch wenn sie, in einem anderen kulturellen Kontext eingebunden, z. B. in der unterschiedlichen Wertschätzung der Frau und der Ehe und anderem mehr dem Kanon der moralischen und kulturellen Grundwerte und Identität Europas mit ihren Wurzeln, dem christlich-neutestamentlichen Menschenbild, dem griechischen philosophischen Geist und dem römischen Rechtsbewusstsein, nicht immer entspricht. Jedoch hat jeder Mensch seine eigene Würde und auch das Recht zur Einsicht zu kommen und die gemeinsamen universellen menschlichen Wurzeln zu kennen.

Sie verehren Gott nach religiösem Brauchtum in einem organisierten und rhythmisierten durch spirituelle Rituale gegebenen Tagesablauf, besonders durch Gebete, Almosen und Fasten und sie tragen in dieser Welt durch Disziplin und Gemeinschaftssinn Verantwortung, damit sie durch dieses so strukturierte Leben nichts von ihrem Gott trennt. Sie geben ihrem Leben damit eine besondere Bedeutung. Eine Trennung von Diesseits und Jenseits gibt es im Islam nicht. Der Muslim muss im Rahmen der ihn prägenden Werteformung und seiner Religion seine Pflicht erfüllen. Der Islam kennt auch keine Religionsfreiheit, auch nicht das Menschenrecht auf Religionsfreiheit, sondern weiß nur, dass der Gläubige seinen religiösen Pflichten freiwillig nachkommen soll (Sure 2, 257). Wie jede Religion wirkt auch diese identitätsstiftend. Wesentlich prägt sie das Leben und die Kultur.

[45] Al Ghasali, Das Elixier der Glückseligkeit, Diederichs, (siehe auch Epikur, Wege zum Glück, Albatros).

Es scheint, als ob die spirituelle Kraft des Mythos Jesu Christi und seine Religion der *Offenbarung und Erlösung* in Europa allmählich verebbt ist und damit auch eine Gläubigkeit, der eine Mythen bildende Kraft innewohnte. So sollte die christliche Offenbarungsreligion sich nicht – modisch mit der Zeit und den Änderungen moralischer Standards – durch eine Änderung oder Umdeutung der ursprünglichen christlichen Botschaft (des Neuen Testaments) (weiter-) entwickeln, sondern in dem Sinne bereit sein, offenbare Geheimnisse zu entschlüsseln, bereit sein, zu lernen etwas besser zu sehen und zu verstehen (Mt 13,1-23, Mk 4,2, Lk 8,4-15) und bereit sein, manchmal auch *einen Willen geschehen* lassen.

Ist diese Kraft dem Mechanismus ihrer Entstehung nach hier auf den Islam übergegangen? Es besteht kein Anlass, dies schwärmerisch zu mystifizieren, geht man davon aus, dass das Land mit seiner speziellen althergebrachten Eigenart nicht nur die Biografie und das Wesen der Menschen im Geistigen, Psychischen und Mentalen beeinflusst, sondern auch die Seele prägt. Hier sind ihre kulturellen und individuellen Wurzeln. Verankert in diese Gemeinschaft entfaltet sie ihre größte Kraft und Stärke.

Werte und ethische und soziale Normen als menschliche Konstruktionen scheinen an einen bestimmten Kontext gebunden zu sein, ähnlich dem Naturrecht des Menschen, einem ästhetischem Begriff, der nur im Kopf des Betrachters existiert, ähnlich dem Guten und Schönen, welche nur eine Erfindung des Menschen sind. Sie speisen sich aus den *genetischen* Quellen seines Geburtslandes mit seinen darin auch gespeicherten spirituellen Informationen von Rechten und Pflichten und denen seiner sozialen Herkunft. So wie die Landschaft in der Sprache lebt, üben persönliche Herkunft und Vergangenheit immer ihren Einfluss auf den Menschen aus.

Mit Hochachtung betrachtet die katholische Kirche auch die Muslim.[46]

[46] Aus der Erklärung des 2. Vatikanischen Konzils über die nicht christlichen Religionen vom 28.10.1965.

Dein Wille geschehe, weiß der glaubensstarke Christ in seinem Vaterunser.

Beide Erkenntnisse, die sich auf die Fügungen des Himmels und des Herzens beziehen, haben nichts mit Fatalismus, Zufall, Kismet oder Nemesis zu tun. Für beide Religionen gilt das Pauluswort: *Was der Mensch sät, wird er ernten* (Gal 6, 7, siehe auch Sure 2, Vers 62). Paulus bezieht sich dabei auf das Gesetz von Ursache und Wirkung, das der Wiedervergeltung, welches nach dem Sanskrit Karman (Karma) genannt wird. Er schließt das schöpferische Tätigsein nicht aus, wenn er auf die Früchte verweist. Er fordert es heraus. An ihren Früchten sollt ihr sie erkennen. Die Offenbarung geschieht fortwährend. Sie, nicht persönliche Moralvorstellungen sind Kern der christlichen Religion.[47] Mediziner und Psychologen meinen zu wissen, dass der Mensch erkrankt, wenn er gegen seine Natur handelt. In Kenntnis der Zusammenhänge von Körper und Psyche oder Leib und Seele und Glaube und Vernunft, wie der Christ sagt, weiß man, dass sich eine seelische Schieflage zu einer körperlichen Krankheit entwickeln kann. Er kann ihr begegnen, wenn er sich Freiräume schafft, um das sich ihm Offenbarende zu begreifen.

Hat der Mensch einen freien Willen? Diese Frage wirft sich auf. In einem anderen Empfinden für Gerechtigkeit und der Gleichheit vor dem Gesetz sehen die Bewohner der Maghrebländer darin einen Unterschied zu Europa. Kann es zu einer politischen Krise, zu einem Reinigungsprozess hier kommen? Sie werden ihren eigenen Weg zur Lösung ihrer Probleme finden. Wird dies auch zu einem Bruch mit ihrer Vergangenheit, vielleicht auch zu einer Krise in ihrem Bewusstsein, führen? Wissen wir doch, dass

[47] Der spätantike griechische Philosoph Proklos (412-385 n. Chr.) erklärt im Sinne der neuplatonischen Tradition die Entstehung der Gesamtheit der Dinge als stufenweises Hervorgehen aus dem Ausgangspunkt, dem Einen, welches die oberste, ursprüngliche Realität ist. Mit Paulus ist er sich darüber einig, dass jede Wirkung ursprünglich in ihrer Ursache vorhanden ist. Über der physischen, sinnlich wahrnehmbaren Welt befindet sich die geistige, nur geistig wahrnehmbare (intelligible) Welt, der kosmos noetos (lat. mundus intelligibilis). http://de.wikipedia.org/wiki/Proklos.

Politik in Wahrheit oft aus niederen Inhalten gemacht und am Ende dann als Erfüllung von grundlegenden Menschen- und Freiheitsrechten verkauft wird. John Locke lehrte, dass die Arbeit die Grundlage aller Wertschöpfungen ist.[48] Trotz aller Finanzmarktorientierung gilt dieser Grundsatz immer noch.

Das Meer und die Sonne in Verbindung von Ruhe, Entspannung, Muße und Schlaf führen manchmal zu innerer Ausgeglichenheit, Eigengenügsamkeit und Inspiration. Die Sprache des Meeres kennt keine Worte. Die Sonne kennt mehr Farben und Zustände, als wir zeigen können. Bewegungen des Lebens, vielfältig und ohne Zahl. Das Ineinandertreffen von Innen- und Außenwahrnehmung erfrischt und ergänzt die Lebenskräfte. Freude ist dann die Frucht guten Gedanken. Ich wusste es.

Dem liebenswürdigen nordafrikanischen Hotelangestellten Mohammed, welcher die Aufsicht am Strand hatte, begegnete ich jedem Tag. Mit der Zeit hatten wir auch ohne viele Worte eine vertrauensvolle Beziehung zu ihm entwickelt. Wir grüßten uns freundlich. Mehr war nicht. War es vielleicht seine Stimme, hinter der sich für uns ein gütiges Herz verborgen hielt? Gewöhnlich wird sie als wesentlicher Träger der Persönlichkeit neben der von Informationen gesehen. Ich weiß noch nicht einmal, ob er tatsächlich ein bekennender Moslem war. Die Frage nach dem Wesen bzw. der Rolle des Islam, wie er in Europa diskutiert wird, scheint ihn wie viele hier nicht interessiert zu haben. Weder mit ihm noch mit anderen haben wir diese Themen jemals besprochen. Als Gäste in diesem Land mahnt es uns zur Zurückhaltung. Verstohlene Unzufriedenheit kann unerwartete Kräfte erwecken. Es bestand auch kein Anlass hierfür.

Eines Abends, ich saß als letzter Gast noch auf meiner Liege und schaute dösend in der jetzt schnell untergehenden Abendsonne auf das wie ausgegossenes rotes Gold daliegende gleißende Meer. Eine zum fernen hohen Himmel dunkel aufschießende

48 John Locke schrieb 1690: It is labour indeed that puts the difference of value on everything.

Sonnenfeuerflammenwand erhellte noch einmal den Horizont, dann noch einmal, mit voller Kraft. Ein letztes Mal spiegelte sich das funkelnde Licht in der Weite des unermesslichen Wassers: eine Feier von Licht und Meer. Es ist die pure Lust am Leben. Mit diesem Gruß lässt es als nährende Erinnerung, einer Wegzehrung gleich, das nächtliche Dunkel überstehen. Eingehüllt in wärmende Hoffnungen trägt sein treues Echo zum Morgen des kommenden Tages.

Mein Gott ist ein alles verzehrendes Feuer. Unwillkürlich musste ich an Aussagen der Bibel (5. Mose 9,3, Heb 12, 29 und Lk 12,49) denken.

Ich stand auf. Mir war als wäre die Zeit für eine Weile stillgestanden. Der nimmermüde Verstand und die ihn drängenden abwägenden Gedanken waren mit dem untergehenden Sonnenlicht verschwunden. An ihre Stelle war wie aus dem Nichts (einer inneren Bilderwelt) etwas Größeres getreten. Mir war, als hätte ein ordnender Geist mich aufgenommen. Wie in einer Vision oder Imagination verschmolz ich harmonisch mit dem Licht, vielmehr dem Bild einer Lichtvorstellung, welche sich mir, höchstwahrscheinlich als Nebenwirkung der intensiv strahlenden Sonne als psychologisches inneres Phänomen einer visuellen (oder neuronalen) Wahrnehmungsstörung einer ungewöhnlichen (atmosphärischen) Situation zeigte oder noch als Nachwirkung der untergegangenen Sonnenscheibe vorhanden war, die sich in einer Überhöhung der Realität oder einer Mischung von Realität und Illusion als deren Bild auf der Netzhaut des Auges für einen kurzen Moment wie ein intuitiver Geistesblitz erhalten hatte. In dieser Ruhe eines unfassbaren unendlichen Seelen-Bewusstseins einer raum- und zeitlosen Welt musste ich einmal zu Hause gewesen sein, kam es mir, der ich absolut ungeübt in vermeintlichen *mystischen Erfahrungen* bin, in den Sinn. War dies das Glück des reinen Daseins in einer ursprünglichen Ordnung des Lebens und reinen Denkens, der Anfang der Dinge?[49] Eine hypnotische Stimmung bloß, die subjektive

[49] Wer denkt hier nicht an Mephistopheles Ausspruch in Goethes (1749-1822) Faust: In diesem Nichts, hoff' ich das All zu finden.

Erfahrung eines rauschhaften Bewusstseinszustandes, eine Bewusstseinserweiterung, eine Art somnambulen Geisteszustandes, ein schamanischer Schwebezustand, überschießende Gefühlsenergie, eine unerschließbare Ahnung, eine Empfindung, eher als eine Einsicht, Tagträumerei? Träumte ich oder wurde ich geträumt? Mir war, als ob ich mich gleichzeitig im Wachbewusstsein wie im Schlafzustand oder dem Unbewussten, im Äußeren wie im Inneren, befunden hatte. Beide zusammenkommenden Dimensionen begriff ich als Realität: Die mit offenen Augen gesehene, jetzt am Horizont verschwundene Sonnenscheibe und die in der Erinnerung an eine Geistiges erschließende Wirklichkeit, die in mir neu leuchtend und bildgebend erwuchs. Oder gibt es noch eine Zwischenschicht?

Der Verstand mit seiner Vorstellung von vergehender Zeit und dementsprechend kritischen raumbezogenen Wirklichkeitscharakter meldete sich nun endgültig wieder zurück. Er hatte das Sonnentor wieder verschlossen und mit ihm eine Augen-Geistigkeit, die dahinter lag. *Übernatürlicher Quatsch*, ich schüttelte mich. *Erkenntnis kommt vom Sehen*, so hatte ich es in der Schule gelernt. *Das Auge wie auch andere menschliche Lebenssinne erschließen Geistiges, d. h. physische Formen, Farben usw., im Unterschied zum Geist-Bewusstsein, durch welches der Mensch, Gefühle wie Glück und Leid erfährt.* Wie sollte ich das jetzt verstehen. Also *Schein und Täuschung*! Wissen und Verstehen, Vernunft und Erfahrung, kontrollierte, disziplinierte Geistigkeit in der *bewusst gesteuerten Aufmerksamkeit* können sie Hilfe bringen.

Es wird wohl an meinem nicht mehr ganz jugendlichen Alter liegen, dachte ich mir. Mit geschlossenen Augen hatte es mir Freude bereitet, dem Rauschen des Meeres, seinem einmal plätschernden einmal wispernden Wellenspiel, dem kriegerischen Schreien der Möven und auch den am Strand spielenden Kindern und jungen Menschen zu lauschen. Das mit allen Sinnen aufgenommene, mit geheimnisvollen Kräften des natürlichen Lebens angereicherte Äußerliche durchströmt dann mit seinem spezifischen Rhythmus den Körper, versammelt sich im Inneren und gibt der Seele mit seiner dem unmittelbaren Wesentlichen näheren Wirklichkeit neue Nahrung. Aber auch der Abstand zu Alltagsproblemen wächst damit. Mit freiem Kopf wird das Leben aus veränderten Perspektiven betrachtet. Entspannung, eine gewisse Lockerheit und Leichtigkeit, mentale Erholung und Ausgeglichenheit sind übliche Folgen. Es ist eine Bewusstseinsebene, die unter anderem durch Meditation (durch Besinnung und Nachdenken) erschlossen werden kann. Dabei ist es durch das damit einhergehende Gefühl der Zeitlosigkeit und durch die Loslösung des Bewusstseins vom immerwährenden Gedankenfluss möglich, sich selbst und das eigene Bewusstsein (frei von Dualität) im Einklang mit einem läuternden natürlichen Rhythmus zu erfahren und sogar seine Inhalte zu steuern bzw. zu regulieren, kreativ zu sein. Das Gehirn funktioniert wie im Traum dann anders. Die Technik hierzu ist relativ einfach zu erlernen, wenn man Zeit und einen ruhigen Geist hierzu mitbringt. Die Natur des Bewusstseins ist ohne die Kenntnisse der Zusammenhänge von Wahrnehmen und Denken nicht zu entschlüsseln. Deshalb sollte diese Methode und ihre Wirkung in ihrer Struktur als bekannt vorausgesetzt werden. Meine Großmutter nahm sich in stillen Stunden Zeit zum bewussten Beten mithilfe des Rosenkranzes. Aufgeräumt und fröhlich begegneten wir ihr danach. Sie hatte eine *Sprechstunde bei ihrem Lieben Gott* gehabt.

Ja, so musste es gewesen sein. Wirklichkeit erschließt Geist (und umgekehrt). Es entsteht Wissen. Was im Detail verborgen ist, wird in der lebendigen Wirklichkeit verständlich. Ich hatte die Erklärung des Symbols auf dem Ziegel gefunden. Durch eine im Kopf stattgefundene Verknüpfung der halb untergegangenen Sonne mit der hälftigen Scheibe am Rande des Ziegels wurden das Geheimnis und die Botschaft gelüftet. Das für mich sich im ersten Moment im Gehirn in den Nerven sich abspielende unverständliche Bewusstseinsdurcheinander war nichts anderes als beobachtete oder gefühlte und gedehnte, im Grunde blitzartige

Erkenntnis dessen, was ich so lange vergeblich in meinen Gedächtniswelten gesucht hatte. Man findet nur das, was man einst besessen hat. Der sinnliche Geist kann aus sich selbst nichts hervorbringen. Eine Schöpfung aus dem Nichts ist für den Menschen ausgeschlossen. Er ist auf das in ihm materiell gespeicherte Wissen angewiesen. Das Bewusstsein (als Körperfunktion) speichert das Ergebnis ab. Der mit ordnendem Sinn, konzentrierter Sammlung und zielgerichtetem Geist erfolgte Wiederfindungs- oder Entdeckungsvorgang im Denk- und Lebensraum führte zu einem sinnlichen Erregungszustand, der mit Freude, Staunen, Vertrauen, Sicherheit, Erfolgsgefühl, Bereicherung usw. sehnsuchtsvoll besetzt ist. Die Biochemie des Menschen, welche die Emotionen steuert, ist beteiligt. Sie bewirkt letztlich auch die erneute Speicherung des alten Wissens.

Ich war wohl eingedöst und im Aufwachen noch nicht ganz im Jetzt verankert. Jetzt aber sprudelte der Verstand neben der Erklärung für das Symbol auf dem Ziegel als eine Sonnenscheibe auch das erinnerte, gespeicherte Schulwissen hervor: Die Energie auf der Sonne entsteht durch eine Fusion von Wasserstoffkernen. Es entsteht Helium. Eine Kernfusion entlässt die überschüssige Energie in das Weltall. Begonnen hatte dies, weil durch Druck und Gravitation die Temperatur in der Sonne gestiegen war bis sich die Wasserstoffatome zu Helium vereinen konnten.

Den Rest wusste der Computer: Die Sonne strahlt Licht, Wärme und Energie für die Dauer von 4,5 Milliarden Jahre bei einer Lieferung von 1,5 Trilliarden Kilowattstunden Energie pro Jahr aus und ab.

Dieser Prozess natürlichen Lebens, des permanenten Wandels und der Bewegung reflektiert sich auf unserer Erde. Nicht immer greift hier der Mensch zu ihrem Vorteil ein. Die Gefahr eines rücksichts- und verantwortungslosen Umganges mit der uns in der Materie zur Verfügung stehenden Energie ist größer als das Unterschreiten der Wasserstoffmenge auf der Sonne. Eine verantwortliche Energiewende ist das Gebot der Stunde. Wasser, Wind und Sonne bieten sich für eine umweltverträgliche

Energiegewinnung an. Leben potenziert sich, wie gesagt, im Reflektieren, im Reflektieren auch eines stetig wachsenden geistigen Volumens. Das Unvollkommene lebt im geistigen Klima einer Sehnsucht nach Erfüllung. Es gab eine Zeit, in der man glaubte, dieses geistige Sehnsuchtspotenzial durch Gebete usw. auf die Erde zu bringen. Heute bezeichnet man diese als *Wunschenergie*.

Der Geist hat keinen Schatten – nur einen Schöpfer und seine Kinder.

Auf dem Weg zur objektiven Sicht der Wahrheit fielen mir Jesu Worte ein *Ihr seid von unten her, ich bin von oben her* (Joh 8, 23 oder auch Joh 18, 36). Für den über den Grenzen der Zeit stehenden Jesus Christus bestand ein geistiges Band der Verbundenheit mit seinem Vatergott. Aus dieser Höhe, seiner Innenwelt, kam ihm eine wunderbare Kraft, die Essenz seines liebevollen Seins zu. Er nahm an diesem Zauber des Anfangs aller Dinge und dem Beginn jeder Religion teil. Er zehrte an diesem Wissensschatz, der heute im Malstrom der Geschichte und der Hinwendung zu *wichtigen* Äußerlichkeiten auf Kosten von *inneren* Wahrheiten, dem Fortschrittsbewusstsein und Entwicklungsdenken immer mehr in Vergessenheit geraten ist. Kann dies denn heute noch gelten? Wer will mit *normalem* Blick schon so tief schauen können, ohne in die Hände eines Psychologen zu geraten? Der jüdische Philosoph Sigmund Freud meinte, dass das Unbewusste nur in Krankheitssymptomen fassbar sei.

Der aufgeklärte Mensch bestimmt in aller Freiheit selbst, wie er sich zu seiner Endlichkeit verhält. Es bleibt jedem freigestellt, ob er nun im Diesseits im seelisch-geistigen Leben, im Gott gegebenen eine Perspektive, eine wenigstens transzendente Grundlage oder einen Trost für seine Verzweiflung, seine Angst oder seine Trauer für seine eigene Vergänglichkeit findet. Man kann nicht nur auf ein Leben im Jenseits hoffen. Zuerst findet es hier und heute statt. Damit sind bestimmte gewachsene Regeln des Rechtes, der Religion, der Moral, Sitte, Anstand und des menschlichen Zusammenlebens nicht außer Kraft gesetzt. Der Sinn des Lebens kann nur in dessen Fortführung, in der Liebe und zum Wohl des anderen, liegen.

Die Mehrheit in Deutschland weiß, dass es nach den Naturgesetzen oder dem Stand der Erkenntnis von Wissenschaft und Technik keine übernatürlichen, magischen oder parapsychologischen Kräfte und Fähigkeiten von Personen gibt.[50]

Im Hier und Jetzt angekommen bemerkte ich nun, dass der tunesische Hotelangestellte wie in andächtigem Verharren schon lange stumm, bescheiden und feinfühlig zurückhaltend neben mir gewartet haben musste. Er war auch für die Liegen verantwortlich. Sie sollten des Nachts an einer Stelle gehortet werden. Auch er hatte die Sonnenbrille jetzt abgenommen. Wegen des grellen Sonnenlichtes ist es nicht ungefährlich, dem allabendlichen Schauspiel des Sonnenunterganges zu folgen. Meine Verlegenheit musste er bemerkt haben. An seinen dunklen Augen meinte ich, es bemerkt zu haben. Hatte ich ihn nicht um einen Teil seines Feierabends gebracht? Es konnte ihm nicht gleichgültig gewesen sein. Seine diskrete Haltung und seine darin und damit gezeigte fürsorgliche Geduld mit mir hatten mich verlegen gemacht. Er schien dies und sich selbst nicht all zu ernst zu nehmen.

Aus seinem vom Wetter und der Sonne gebräunten faltigen Gesicht lächelte er mir freundlich zu: *Die Sonne kommt wieder*. Sollte dies heißen, wenn du einmal Hilfe brauchst, richte deine Gedanken und dein ganzes Sinnen und Wollen (in meditativer Konzentration) wieder auf diesen erinnerten, beinahe zeitlosen meditativen Moment - auf dich selbst. Eingehüllt von eben dieser idealisierten Kraft wird dir intuitiv geholfen. Sei mutig, vertraue auf den Antrieb durch diese Gedanken: Das wahre Glück und der

[50] Der III. Zivilsenat des BGH in Karlsruhe hat am 13. 1. 2011 unter dem Az. III ZR 87/10 ein Urteil *zu irrationalen für Dritte nicht nachvollziehbaren Handlungen gesprochen.*

Frieden sind in dir selbst. Auf dem Wege des Lichtes[51] wirst du einst heimgeführt. Das Leben ist schön.

Ein gnostischer Spruch sagt: *Non foras ire. In interiore homine habitat veritas.* In der Übersetzung lautet er: *Gehe nicht nach außen, die Wahrheit wohnt im Inneren des Menschen.*[52] Die Menschen sollen sich des inneren Wesens bewusst werden, wie dies auch Paulus sagt (Eph 5, 14): *Drum heißt es: Wache auf, der du schläfst und stehe auf von den Toten, so wird dich Christus erleuchten* (siehe auch Jes 60, 1).

Den Schlüssel hast nur du allein. Die Sonne ist immer da. Die Sonne und das Leben.

Etwas einte und verband uns seitdem. War es eine ausgeprägte Ortsverbundenheit oder eine geheime emotionale Wesensähnlichkeit? Ein geistig-seelisches Fluidum, ein beinahe schon symbiotisches Verhältnis, hervorgerufen durch die Liebe zur Sonne und das Meer – als hätte der Atem eines in sich selber ruhenden Seienden mich sanft berührt, ein gemeinsamer Traum in einem geistigen Raum etwa, die Projizierung menschlicher Gefühle auf die Natur, ein Augenblick des vollkommenen Einklanges, um dem Namenlosen einen Namen zu geben: Teilst du das Glück mit anderen, vermehrt es sich. Behältst du es für dich allein, wird es verkümmern.

Wenn zwei von euch auf der Erde übereinstimmen, was immer sie erbitten werden, wird ihnen zuteil werden (Mat 18, 18-19).

[51] Von dem zuletzt im nahen Frankfurt am Main als Privatgelehrter lebenden Philosophen Arthur Schopenhauer (1788-1860) stammt der Satz: *Ich glaube, dass wenn der Tod unsere Augen schließt, wir in einem Lichte stehen, von welchem unser Sonnenlicht nur der Schatten ist.*

[52] Augustinus (354-430), für den das Bewusstsein der Ausgangspunkt aller Wahrheitserkenntnis war, wiederholt dies in seinem: *Wende dich nach innen, denn im inneren Menschen wohnt die Wahrheit.*

Ich musste an Zeilen von Franz Grillparzers *Der Traum ein Leben* denken:

Schatten sind des Lebens Güter,
Schatten seiner Freuden Schar,
Schatten Worte, Wünsche, Taten,
Die Gedanken nur sind wahr
Und die Liebe, die du fühlest,
Und das Gute, das du tust;
Und kein Wachen als im Schlafe,
Wenn du einst im Grabe ruhst.[53]

Geht es Grillparzer um ein Lebenskonzept und Maßstäbe eines autonomen Menschen? Ist es die nüchtern, logisch-rationale Sicht der Wirklichkeit, die im Gegensatz zum Traum, Wunsch und Ideal die auf Nutzen und Zweck (oft unbewusst) ausgerichtete Sachlichkeit ist? Oder ist es eine, die eher der psychologischen und physischen Struktur, den seelischen Bedürfnissen ethischen Handelns, dem normalen Gewissen oder Programmen und Werten einer immer wieder neu bedrohten Zivilisation entspricht? Ab und zu tauchen sie aus den Tiefen des Unbewussten auf. Sie können von uraltem karmischen Ballast, von Fatalismus und Ohnmacht befreien. Es wird wichtig bleiben, eine nüchterne Überprüfung vorzunehmen. Selbst dann, wenn Verstand und Intuition zusammenarbeiten.

Fassen wir zusammen: Wir wissen, dass Gedankeneingebungen, auch durch Symbole angestoßen, geistige Vorstellungen und Bilder vor unserem inneren Auge hervorrufen oder körperliche Prozesse auslösen können. Wir wissen auch, dass der Mensch ein komplexes Produkt eines familiären und sozialen Umfeldes ist. Von noch weiteren äußeren Einflüssen und der Summe seiner

53 F. Grillparzer, Der Traum ein Leben, Ein dramatisches Märchen, Reclam-Verlag Stuttgart 1957. Das Gedicht wird am Ende wie folgt aufgelöst: Eines nur ist Glück hienieden, Eins: des Innern stiller Frieden Und die schuldbefreite Brust! Und die Größe ist gefährlich. Und der Ruhm ein leeres Spiel; Was er gibt, sind nicht'ge Schatten, Was er nimmt, es ist so viel!

Erbanlagen (der Gene) wird er beeinflusst, wenn nicht sogar gesteuert (Forschungen auf dem Gebiet der Epigenetik an der Universität Zürich haben zusätzliche neuere Erkenntnisse gebracht. Durch Traumata hervorgerufene Veränderungen des Methylierungsprofils bestimmter Gene im Gehirn ändern sich ihre Aktivitäten, nicht ihre Struktur. Sie führen damit zu Verhaltensauffälligkeiten, die sogar bis in die 3. Generation vererbbar sind).

Vor Kurzem erst hat man entdeckt, dass ein verzweigtes System von speziellen Nervenzellen in unserem Gehirn durch die Gegenwart eines anderen Menschen aktiviert werden kann. Dort rufen sie sozusagen spiegelbildlich Gefühle des anderen in uns wach. Diese *Spiegelneuronen* gelten als neurologische Basis für intuitives Wissen.

Bei diesem beschriebenen Erlebnis wurde mir wieder einmal deutlich, wie sehr sich die grundlegenden Faktoren menschlichen Verhaltens verschieben können, wenn wir die Einfachheit des Lebens und seiner Grundlagen aus dem Blick verloren haben.

Die geistige Konstruktion des Sonnensymbols auf dem Ziegel kann auch subjektiv intuitiv in einem emotionalen Teil des Bewusstseins durch einen psychologischen Gehirnprozess erlebt werden. So wie es mir am Strand in Djerba passiert ist.

Auf der Suche nach der Frage, was ein Gedanke ist, haben Gottfried Vosgerau und Matthis Synofzig[54] festgestellt, dass Gedanken statisch sind. Sie stehen in logischen Beziehungen. Sie haben Inhalte. Diese sind kombinierbar und relativ stabil. Gedanken können von Vorstellungsbildern und Empfindungen zwar begleitet werden, diese sind aber kein konstitutiver Bestandteil der Gedanken. Begriffe können auf Wahrnehmungen beruhen, doch Gedanken entstehen erst, wenn die modalitätsspezifischen Aspekte abgezogen werden. Denken lernen, heißt lernen, Informationen aus Vorstellungsbildern und Empfindungen zu abstrahieren, zu sortieren, zu vergleichen und für die Weiterverwendung

[54] G. Vosgerau/M. Synofzig, A cognitive theory of thoughts, in: American Philosophical Quarterly, Band 47, Heft 3, Juli 2010.

aufzubereiten. Natürlich kann es Verbindungen etwa zwischen Wahrnehmen und Handeln geben, ohne dass Gedanken im Spiel wären. Zudem kommt kein Gedanke für sich allein, er ist erst vor dem Hintergrund eines ganzen Netzes an Hintergrundüberzeugen zu verstehen. Gedanken sind das einzige Mittel, dieselbe Information verschiedenen kognitiven Prozessen zur Verfügung zu stellen. Sie sind die Informationsbörse des Gehirns.

Symbole sind wie Noten auf der Partitur des Lebens. Für Christen mag dann das Kreuz den Violinschlüssel ersetzen.

Es ist schwer, in unserer vom Leistungsstress und von medialen Reizen überfluteten Kommunikations- und Internetgesellschaft noch *Gedanken zu fassen*. Der Rückgriff auf Vorhandenes aus Psychologie und Kunst, Philosophie und Religion, Spirituellem aus Esoterik und Okkultismus bieten sich in einer breiten Palette an. Sagte nicht auch Jesus Christus: *Ich bin bei euch alle Tage bis an der Welt Ende* (Mt 28, 20)? So wird jeder *den* Zugang finden, den ihm seine Gedanken weisen.

Der Mensch braucht die Illusion wie die Hoffnung und den auf ihr fußenden Glauben als Gleichgewicht zum Leben. Sie ist in ihm wie die Liebe zum Leben als Stufe zum Wissen angelegt. Um die grundlegenden Faktoren menschlichen Verhaltens zu erkunden, bleibt die Frage offen, wie viel Wahrheit in der Illusion steckt. Wahrheit ist weder im scheinbaren Wirklichkeitscharakter einer seinskritischen Objektivität noch in mathematischen Formeln einzufangen. Es gibt zu viele davon. Auch neurophysiologische Erklärungen helfen nicht weiter. Man muss es anerkennen und respektieren.

Zusätzlich zu den drei Abrahaminischen Buchreligionen zitiere ich hierzu in freier Übersetzung nachfolgend Verse aus den Veden[55]: *Wenn ein Mensch allen Begierden abschwört, die sein Herz betreten, und wenn er durch die Gnade Gottes die Freude zu Gott in sich entdeckt, dann hat seine Seele tatsächlich Frieden*

55 „Zeit, erwachsen zu werden" von Indusha Ramachandra, in: FAZ vom 12.01.2001, Seite N 6.

gefunden. Man kann es auch anders sagen: In der Einfachheit und Ruhe des Lebens findet der Mensch, vornehmlich in der Jugend und im Alter, unbelastet vom Hormonhaushalt und den Äußerlichkeiten des Lebens, seine Individualität, seine Einzigartigkeit, seine Freiheit und seinen Frieden zurück. Er ist im Alter dankbar dafür. Und weiß unter Umständen, wem er das sagen soll.

Nachdem sich im 20. Jahrhundert Wandlungen vollzogen haben, welche die traditionellen Grundwerte der Pflicht, der Unterordnung und Ordnungsliebe durch Wertvorstellungen wie Selbstverwirklichung, Autonomie und Mündigkeit nahezu abgelöst haben, nachdem die bisher dominierenden Lebensprinzipien wie Leistungsprinzip und Berufsethos in den Hintergrund getreten sind, das Zeitdenken das Gelddenken verdrängt, gewinnt die frei gestaltbare Zeit enorm an Bedeutung.[56] So der Mensch hierzu die entsprechende Energie und vor allem Zeit mitbringt. Es besteht die berechtigte Hoffnung, dass dies, was die Zeit angeht, durchaus im Bereich des Möglichen liegt. Der Mensch befreit sich allmählich von den auf ihn einstürmenden Reizen, dem Wettbewerb und Traditionsdruck, welche das Bewusstsein und den Geist lähmen. Wenn er zur Ruhe gekommen ist, wird er in der Stille mehr Zeit mit sich selbst und den ihn beschäftigenden Gedanken verbringen können. In der Arbeit an sich selbst kehrt sein Bewusstsein wieder zu ihm zurück. Er wird wieder etwas sein. Die Sehnsucht hierzu ist vorhanden.

Im Regionalmuseum in Fritzlar berichten rund 300 solcher Ziegel aus drei Jahrhunderten von diesem Handwerkszweig und seinen Sorgen. Bedauerlicherweise hat die Kunstgeschichte (und der Denkmalschutz) in ihrer Betrachtungsweise kaum Raum in den regionalen Geschichtszentren gefunden.

Man muss dieses Schmuckbedürfnis nicht gleich zur Kunst erklären. Vielleicht war es lediglich ein kreatives Tun, eine noch

[56] http://soziologie.soz.uni-linz.ac/sozthe/freitour-Wiki/Wertewandel.htm.

unbestimmte Lebenshaltung, die sich im Spiel dem Abenteuer der Freiheit hingab, auch einen Freiraum suchte, in dem die Gedanken schweifen konnten, wo nach Grübeln und Hadern, Freude und Lust, wo geistige Anstrengungen einen Ausdruck finden können. Wenn der Alltag mit seinen gewöhnlichen und begrenzten Wahrnehmungen der Realität und seinem Daseinsempfinden mit seinem materiellen Zweck- und Nutzendenken zur Kunst erklärt wird, könnte dies ein Zeichen für den Bewusstseinszustand der Menschen sein, deren natürliches Empfinden ge- oder zerstört ist und die nicht mehr in der Lage sind, über die Grenzen von Raum und Zeit hinweg in die Tiefenschichten des eigenen individuellen Selbst und seine persönliche Verantwortlichkeit einzutauchen. Der Mediziner mag diese geistige Verarmung oder diesen seelischen Zerfallszustand als neurophysiologische Verheerung bezeichnen.

Im Gegensatz zum *Verstand, dessen Aufgaben im Unterscheiden und Definieren liegen,*[57] sollen die Kunst und auch die Religion der Liebe und Barmherzigkeit in der Lage sein, uns miteinander in den Dimensionen eines Wahrnehmungsbereiches außerhalb der physischen Sinne (eines Außer-sich-Seins bzw. Ganz-bei-sich-Seins), des Unbewussten, des höheren Selbst, des Selbst des Universums, bzw. mit Gott zu verbinden. Dies kann nur jenseits aller Vorurteile in Offenheit und einem respektvollen und höflichen Umgang miteinander geschehen. Entdecken wir im anderen uns selbst. Kann die im Mittelpunkt der Religion und der Kunst stehende Spiritualität nicht alle vereinen? Kunst, so *klein* sie sich auf unseren Ziegeln zeigt, will Beziehung schaffen und leben. Bezeichnete nicht auch Mnemosyne, Göttin und Mutter der neun Musen aus mythischer griechischer Zeit *Erinnerung und das Gedächtnis* als Quell aller Kunst?

Das verbindende menschenfreundliche Potenzial der Kunst soll uns mit seinem Schöpfergeist zum Wahren, Guten und Schönen führen oder wie es der Verfasser der Einleitung zu Platons *Der Staat* Otto Apelt sagte, *edelste Bestimmung eines Kunstwerkes*

[57] Plotin: Brief an Flaccus

ist, in uns nachhaltige Begeisterung zu erwecken für das Schöne und Gute. Oder Dante: *die Natur sei Gotteskind, die Kunst sein Enkelkind.* Insofern haftet beiden, der Religion und der Kunst, auch immer etwas Transzendentes an. So können sie uns in eine höhere überzeitliche Ebene der Harmonie heben, vielleicht auch mit Gott einen. *Rechte Kunst ist eine Jakobsleiter* (1. Mose 28, 12-16 – Träume als eine Verbindung von Verstand mit der Seele) *zum Himmel, auf der die Engel auf und niedersteigen.*[59] In der Enzyklika CARITAS IN VERITATE von Papst Benedikt XVI ist unter der Ziffer 48 zu lesen: *Da diese (die Natur) nicht nur aus Materie, sondern auch aus Geist besteht und als solche reich an Bedeutungen und zu erreichenden transzendenten Zielen ist, hat sie auch einen normativen Charakter für die Kultur. Der Mensch deutet und bildet die natürliche Umwelt durch die Kultur nach, die ihrerseits durch die verantwortliche, auf die Gebote des Sittengesetzes achtende Freiheit bestimmt wird.*

Bis 1981 wurden im Industriedenkmal Ziegelei Oberkaufungen Ziegelsteine produziert. Wie das gemacht wurde, kann man im hessischen Ziegeleimuseum (Tel. 05605 – 7799) erfahren.

[59] K. Guenther, Natur als Offenbarung, Verlag J. F. Steinkopf, Stuttgart 1935, S. 32.

Zusammenfassung

Ohne jetzt am Ende der kleinen Geschichte der Ziegelei in Ravolzhausen das Tor zur Vergangenheit gleich zu verschließen und mich dem Mechanismus des Getriebes der gegenwärtigen Welt und jetzigen Zeit wieder zuzuwenden, will ich versuchen, die am Anfang gestellten Fragen zu beantworten.

Vor Jahren noch schrieb Friedrich Elsässer, der von mir geschätzte fleißige Verfasser eines Manuskriptes einer Rüdigheimer Chronik, dessen Original sich beim Hanauer Geschichtsverein befindet, auf deren Seite 118:

Der Mönchsgesang ist längst verklungen, verstummt sind die „vigilien, totenversper der heyligen Messen", noch immer aber spricht man im Dorf und seiner Umgebung vom „Kloster".

Er stellt fest:

Die im Inventarverzeichnis von 1619 aufgezeichnete Glocke, welche dem Gesinde zum Arbeitsbeginn, zum Arbeitsende und zum Essen läutete, ist noch, wenn auch in veränderter Form, vorhanden.

Und Elsässer fragt weiter:

Sollten die Beteiligten nicht stolz darauf sein, auf diesem historischen Boden arbeiten zu dürfen im Dienst an der Scholle, zum Vorbild dem Bauernstande und zur Sicherung der Ernährung des Vaterlandes?

Wie einfach wäre es doch, jetzt in den Gesang des Chorus mysticus einzustimmen und sich in die Reihe der Bewahrer einer Gesellschaft von Werten zu begeben, welche vor Hunderten von Jahren mit Sicherheit damals auch ihre Bedeutung und Berechtigung hatten. Werte wandeln sich. Wir haben gelernt, dass im Zuge des Umbruchs und der Anpassung an die jeweilige Zeit ganze Wertesysteme der Transformation bzw. der forcierten Evolution unterliegen.

Alternativlos sorgten die Johanniter, welche die Ordensregel der Augustiner gewählt und befolgt hatten, mit ihrem moralischen Anspruch für Ordnung und Verantwortung.

Elsässer irrt sich, wenn er von *Mönchen* und *Kloster* spricht. Die Johanniter hatten keine Mönche und ein Kloster gab es bei ihnen so nicht, auch wenn der Name Kloster in Flurbezeichnungen auftaucht. Suchte er etwa genau diese Zeit mit ihren Lebensformen und ihrer Tradition, weil sie dem Ort scheinbar abhanden gekommen ist? Die Sachinformationen sprechen eine andere Sprache. Er wusste vielleicht, dass wir das, was wir kennen, nicht beschreiben. Er hatte es gutgläubig ergänzt.

Mit Freude und Dankbarkeit aber will ich mit dieser kleinen Schrift die allmählich verblassende Erinnerung an vergangene Zeiten mit ihren damaligen wirkmächtigen Grundwerten, ihren geistigen Kräften und ihrem Lebensprinzip, wachhalten. Sie haben getragen, Mut und Hoffnung und Zuversicht auch über den Tod hinaus vermitteln können. Ihr Denken verdichtete sich in Symbolen und sonstigen Dokumenten einer vergangenen Zeit und führt aus ihnen durch wissenschaftliches Forschen, aber auch durch mentale, intuitive und emotionale Impulse wieder heraus.

Das starke Verbundensein aller mit allem, die Liebe und Treue als Weisheit des Herzens, *die Hilfe und das Dasein für andere*, verkörpert durch den hl. Martinus, der als unchristlicher, da römischer Soldat über den Akt der Nächstenliebe im Sinne von Mt 25, 36 a. 40 („Ich bin nackt gewesen und ihr habt mich bekleidet.. Was ihr getan habt einem von diesen meinen geringsten Brüdern, das habt ihr mir getan.“) den Weg zu Christus gefunden hat, der ihm selbst des Nachts erschienen ist oder der Elisabeth von Thüringen, welche in Ostungarn geboren und den Weg der tätigen Nächstenliebe aus der Erfahrung der unbedingten Liebe Gottes heraus gegangen ist, den wir heute als Caritas oder Diakonie beschreiben, ist aber auch der selbst gestellte Auftrag des Johanniterordens.

Vom lebendigen Gottesglauben erfüllt, wollten sie alle immer stark genug sein, um anderen zu geben. Es waren geistige Grundaussagen des Mittelalters, die auch hier ihren Niederschlag gefunden haben.

So ist Gottesliebe gleich Menschenliebe. Es gibt keinen anderen Weg IHN zu lieben. Die damalige vorbildliche Geisteshaltung, auch die des christlichen Mitleids und die der menschlichen Fürsorge schafften es, die Not zum Teil zu lindern. Sie ist heute noch ein Mittel, den im Rahmen der Globalisierung um sich greifenden und stetig wachsenden Materialismus zu überwinden.

Rühren uns nicht auch heute noch durch verdeckte Botschaften und Signale die symbolischen Werte eines humanitären Geistes im heutigen Wappen an? Wenn wir in einer dafür notwendigen Reinigung und Ordnung schaffenden stillen Rückschau nach innen spüren und horchen, wir über die Selbstentfaltung ins Zeitlose gehen, machen sie uns nicht trotz unserer Selbstbezogenheit nachdenklich? Gegenwarts- und Zukunftsbewältigung sind nicht geschichtslos. Sie sind nur im Rückgriff auf die uns bestimmenden Wurzeln zu leisten. Im Anfang von Raum und Zeit, da liegt unsere Heimat. Im Wandel erkennen wir uns als ihre Kinder.

Geschichtserkenntnis, nicht Geschichtskenntnis, ist auch eine Frage der Distanz und des zeitlichen Abstands, bei denen komplexe Zusammenhänge zu berücksichtigen sind. Dann fragen wir uns, was hat die Menschen damals an- und umgetrieben, was treibt uns heute noch voraus? Können wir bei einem allgemeinen Wahrnehmungs- und Bewusstseinswandel noch wahrnehmen, was war und uns auch geprägt hat? Welches Gesellschafts- und Menschenbild lag zugrunde, welches Werte- und Normenverständnis war vorhanden?

Gehen wir nur 400 Jahre zurück. Wir sehen unten das frühere Ordenshaus im Anfang des 17. Jahrhunderts. Unschwer erkennen wir die äußeren Veränderungen zur heutigen Zeit.

Gehen wir noch weiter zurück. In die Zeit der ersten Urkunden, die über diese unsere Zeit in unseren heutigen Ortsteilen berichtet. Es war die Zeit der Ritter, die Zeit der miles. Miles in der Zeit des Mittelalters gleich Ritter. Miles ist hier kein lateinisches Wort, auch wenn man es vermuten möchte. Die Anfangsbuchstaben der lateinischen Prädikate ergeben das Wort: miles: hochgemut (magnanimum) im Unglück, edel (ingenium) gegen Verwandte, freigebig (largi fluum) in aller Ehrbarkeit, tadellos (egregium) in höfischem Geist und ehrenhaft (strenuum) in männlicher Tüchtigkeit. Im römischen Altertum war es die Bezeichnung für Soldat gewesen.

Und so formulierte auch Meister und Bruder Gerhard Tonque, der erste bekannte Vorsteher des „Ritterlichen Ordens St. Johannis vom Spital zu Jerusalem" (der lateinische Name: Ordo Hospitalis sancti Johannis Ierosolimitani) und wahrscheinlicher Ordensgründer auch im Jahr 1120:

> *Unsere Brüderschaft wird unvergänglich sein, weil der Boden, auf dem diese Pflanze wurzelt, das Elend der Welt ist – und weil, so Gott will, es immer Menschen geben wird, die daran arbeiten wollen, dieses Leid geringer, dieses Elend erträglicher zu machen.*

Ziel und Aufgabe des Johanniterordens waren im Ursprung der Gottesdienst und die Zuwendung zu den Hilfsbedürftigen, also der geistige Kampf (nach Eph. 6, nicht jedoch der militärische Dienst) und der Hospitaldienst. Die betreuten Kranken wurden als *Herren* und die Mitglieder der Bruderschaft als ihre *Diener* bezeichnet.

Der Orden entstand nach der Eroberung Jerusalems durch das Heer des ersten Kreuzzuges unter Gottfried von Bouillon im Jahr 1099. Er geht aus einem im Jahr 1048 erstmals erwähnten Pilgerhospital, dem Muristan, hervor, welches von italienischen Kaufleuten aus Amalfi als Hospital zum hl. Johannes gestiftet worden war.

Abb. 26: Das frühere Ordenshaus
im Anfang des 17. Jahrhunderts

Abb. 27: Bruder Gerhard vom Hospital zu Jerusalem

Auf der Suche nach Vertrauen und Zuversicht, nach Halt und Sicherheit im Leben ergab sich die christliche Lebensführung für den Johanniterorden mit dem Ziel des christlichen Dienstes *an den Herren Kranken* nicht nur als eine vom Zeitgeist getragene gemeinwohldienliche Alternative gemäß einer alten Tradition der verantwortlichen Hinwendung zum anderen nach biblisch geprägter Überlieferung. Der Orden hatte sich machtpolitisch nicht engagiert. Erst später trat als zweiter Auftrag des Ordens die Bekämpfung des Unglaubens und der Schutz der Pilger hinzu.

Die Johanniter trugen anfangs eine einfache schwarze Mönchskutte. Ab dem 13. Jh. zunächst einen schwarzen Übermantel mit einem weißen Kreuz darauf, das in acht Spitzen endete. In Kriegszeiten trugen die Ordenskämpfer einen roten Mantel mit weißem Kreuz. In ihren Siegeln trugen sie zu dieser Zeit ein Kreuz in Form des *Jerusalemer Kreuzes,* später ein einfaches Kreuz. In der Zeit von Rhodos änderte sich die Kreuzform zu einem Kreuz mit eingekerbten Spitzen. Die aktuelle Form des Malteserkreuzes wurde erst in der Malteser Zeit zum typischen Emblem des Ritterordens.

Die Kreuzform erinnert an den Opfertod Christi. Jeder der vier Balken des Kreuzes steht für eine Kardinaltugend (Gerechtigkeit, Tapferkeit, Weisheit und Mäßigung). Die acht Spitzen weisen auf die acht Seligpreisungen der Bergpredigt hin (Mt 5, 3-10).

Abb. 28: Das Malteserkreuz, gleichzeitig die Ordensflagge

Gottvertrauen und tätige Nächstenliebe im Gleichklang von Reden und Taten. Das zeigten die Johanniter in einer schlimmen Zeit, ihrer realen Lebenswelt, die mit ihrer Art zu leben und wirken, zu überwinden als möglich erschien. *Du sollst Gott über alle Dinge lieben und deinen Nächsten wie dich selbst* (Mk 12, 29-31, Mt 22, 37-40, vgl. Deut 6, 4 f, Lev 19, 18). Schon der alttestamentliche Mensch dachte und hoffte niemals für sich, sondern grundsätzlich für sein Volk und andere Völker. Durch die Botschaft Jesu Christi erfährt diese Lehre eine entscheidende Unterstützung. Wer sich selbst retten bzw. bewahren will, wird gerichtet werden (vgl. Mt 16, 25; Mt 10, 39; Mk 8, 34 f.; Lk 17, 33; Joh 12, 25).

Beschäftigen wir uns in unserem Denken und Wollen ein wenig mit diesem Geist, seiner Ausrichtung hin zum Dienst am Menschen, den wir Liebe nennen. Das Mitleid mit den Schwachen ist eine Leistung des Christentums. Das karitative Element (Diakonia) gehören wie die Verkündigung (Martyria) und der Gottesdienst (Leiturgia) zum theologischen Wesensvollzug der Kirche. Denn jeder Christ ist zuständig, Rechenschaft abzulegen über die Hoffnung, die in ihm lebt (1 Pet 3, 15).

Der Mensch lebt durch die Energie der Seele, die Seele von der Liebe. Gott ist die Liebe (1. Joh 4, 8). Mit Gott sind wir alle eins (*dass alle eins seien ... wie auch wir eins sind – Joh 17, 20-22*). Alles ist eine Einheit: *Denn in ihm leben und weben und sind wir* (Apg 17. 28).

Nehmen wir ein wenig der spirituellen Essenz dieser Zeit aus ihren geistigen und emotionalen Substanzen in unser Leben mit. Die Gedanken sind frei.

Sie führt, fern ab von der immer stärker technisch und materialistisch ausgerichteten globalisierten Welt, der Ökonomisierung aller Lebensbereiche und auch fern von den Problemen, die in der wirtschaftlichen und sozialen Struktur der Gesellschaft wurzeln mit der *damit verbundenen Enteignung menschlichen Selbstseins*[60]

[60] M. Riedel, Im Zwiegespräch mit Nietzsche und Goethe, Weimarische Klassik und klassische Diagnose, Mohr Siebeck 2009.

und der zunehmenden Verflachung des Lebens, wieder an Gott heran.

Viele aber hat sie mit ihrem individuellen Glücksstreben, dem Gefühl der grenzenlosen Freiheit, der Gier, Neid, Eifersucht, Hass, Gewalt und Rücksichtslosigkeit, beeinflusst. Selbstsüchtig sind ihr einige im materialistischen Denken verfallen. Warnte nicht schon Paulus vor 2000 Jahren: *Lasst uns nicht nach eitler Ehre trachten, einander nicht herausfordern und beneiden!* (Gal 5, 26).

Gemeinsame und verbindliche Wertvorstellungen und Tugenden sind in unserer pluralen und allseits vernetzten Gesellschaft nicht mehr selbstverständlich. Wir wissen, dass sich mit der Moral die Rechtsempfindungen ändern.

Der Blick zurück kann Ordnung schaffen. Kann er es in Zeiten des organisierten Wohlfahrts- und Sozialstaates (Art. 20 GG) mit einem Recht des Einzelnen auf Hilfeleistungen (siehe auch § 323 c StGB) als Reparaturleistung von auch gesellschaftlichen Missständen allein noch leisten, den Begriff der Freiheit, auch der des Gewissens und der Barmherzigkeit und damit der Würde des Menschen neu zu definieren?

Ich habe die Hoffnung, dass der Mensch die *enge Verbindung zwischen dem Wandel des Denkens und dem Wandel der Werte*[61] mit den in ihm befindlichen Kräften und dem ihm angeborenen Potenzial zum Wohle der Menschen und seiner Umwelt nutzen wird. Die *reibungslose Nützlichkeit* von Menschen hat bisher in der Geschichte der Menschheit bis hin zum Materialismus stets nur Unfrieden gebracht. Der Mensch ist keine Maschine. Er hat eine Seele. Ob er nun ein Bettler oder ein Millionär ist, seine Religion eine muslimische, christliche, jüdische, buddhistische, hinduistische oder sonst irgendeine ist, er eine schwarze oder weiße Hautfarbe besitzt, er Mann oder Frau ist, er bleibt ein Mensch mit all seinen Rechten und Pflichten, die zu schützen unser aller vordringlichste und vornehmste Aufgabe bleibt.

[61] F. Capra, Lebensnetz, Scherz Verlag, Bern/München/Wien 1996.

Vielleicht müssen wir im Vertrauen auf die Menschheit gar nicht so weit denken. Vom weisen und hl. Franz von Assisi, selbst ein Beispiel inniglichen Empfindens und Lehrer des Mitgefühls, stammt die Anrufung:

Gott gebe mir die Gelassenheit, das anzunehmen,
was ich nicht ändern kann;
den Mut, das zu verändern, was ich ändern kann,
und die Weisheit, das eine vom anderen zu unterscheiden.

Folgen wir seinem Gebet:

Herr, mache mich zu einem Werkzeug deines Friedens;
Wo Hass ist, lass mich Liebe säen;
Wo Beleidigung umgeht, lass mich für Verzeihung sorgen;
Wo Zweifel waltet, lass mich Glauben vermitteln;
Wo Verzweiflung quält, lass mich Hoffnung wecken;
Wo Dunkelheit herrscht, lass mich Licht anzünden;
Wo Traurigkeit lähmt, lass mich Freude entfachen.[62]

Denken wir an das ora et labora, das Beten und Arbeiten, die geflügelten Worte und Grundsatz der benediktinischen Klöster, dass der Weg über religiöse Vollkommenheit und dadurch Selbstheilung zu Gott nur über das Gebet (als geistiger Arbeit) und harter körperlicher Arbeit führen, welches für mich im übertragenen Sinne, quasi gleichnishaft, für die Werte in unserem Wappen, das Johanniterkreuz für das Beten bzw. die tätige Nächstenliebe und die Selbstkontrolle, die Ziegel selbst für das Arbeiten stehen. Unter Arbeit verstehe ich nicht das rastlose Tätigsein im Sinne einer Prädestinationslehre, welche den nach außen sichtbaren wirtschaftlichen Erfolg als ein persönliches Auserwähltsein durch Gott erscheinen lässt. Vielleicht trifft es Hippokrates (460-375 v. Chr.) *Man muss auch selbst Hand anlegen, wenn man die Götter anruft* besser (Von den Träumen IV 1).

[62] *L. Boff: Franz von Assisi, die Sehnsucht nach dem Paradies, Patmos Verlag, Düsseldorf, 1987.*

Hier zitiere ich gern den bereits erwähnten C. G. Jung noch einmal. Er sagte, je größer eines Menschen Glaube sei, desto mehr solle er arbeiten, und die Arbeit, die er verrichte, solle der Menschheit zugutekommen. Von einem Zwang zur Arbeit ist hier nicht die Rede, wahrscheinlich mehr das dabei kreativ Sein, das Schöpfen aus sich selbst und aus diesem sich selbst Spüren, seinen Plan und Ziel in diesem Leben erkennen können.

Andere äußern sich, viele ohne ihren christlichen Glauben zu verlassen, ähnlich wie z.B. Sir John Eccles, Penrose (in *Computerdenken*), Benjamin Libet,[63] Francis Crick,[64] John Brockmann,[65] Jost Herbig, Rainer Hohlfeld,[66] Deepak Chopra,[67] Robert. J. Lifton,[68] John Briggs, F.D. Peat,[69] Bryan Appleyard,[70] M.L. Landmesser, J. Sczepan,[71] Ken Wilber,[72] Schriften (z.B. *Wir erleben mehr als wir begreifen*) von Hans-Peter Dürr - ehemals Werner-Heisenberg-Institut, jetzt Max-Planck-Institut für Physik

63 B. Libet, Mind Time, Wie das Gehirn Bewusstsein produziert, Suhrkamp Verlag, Frankfurt/M. 2005.

64 F. Crick, Was die Seele wirklich ist, Artemis & Winkler, München 1997.

65 J. Brockmann, Die Geburt der Zukunft, Die Bilanz unseres naturwissenschaftlichen Weltbildes an der Schwelle des neuen Jahrtausends, Scherz Verlag, Bern/München/Wien 1987.

66 R. Hohlfeld (Hrsg.), Die zweite Schöpfung, Geist und Ungeist in der Biologie des 20. Jahrhunderts, Carl Hanser Verlag, München/Wien 1990.

67 D. Chopra, Die unendliche Kraft in uns, Energien jenseits der persönlichen Grenzen aktivieren, BLV Verlagsgesellschaft mbH, München 1992.

68 J. Lifton, Das Ende der Welt, über das Selbst, den Tod und die Unsterblichkeit, Klett-Cotta, Stuttgart 1994

69 F.D. Peat, Die Entdeckung des Chaos, Eine Reise durch die Chaos-Theorie, Bechtermünz Verlag, Augsburg 1997.

70 B. Appleyard, Der halbierte Mensch, Die Naturwissenschaften und die Seele des modernen Menschen, verlegt bei Kindler, München 1992.

71 K. Wilber, Zukunft erfolgreich gestalten (Fit für die Herausforderung von morgen) und Was morgen zählt (Zukunft in Wirtschaft und Gesellschaft erfolgreich gestalten), Hänssler-Paperback, Neuhausen-Stuttgart, 1996/1997

72 Eros Kosmos Logos, Eine Vision an der Schwelle zum nächsten Jahrtausend, Krüger-Verlag, Frankfurt am Main, 1996

München, der amerikanische Physiker Jack Sarfatti,[73] Stephen W. Hawking[74] pazifistisch oder sinngemäß wie folgt Martinus[75] pantheistisch.

Nach 200 Jahren sind große Teile der Menschheit auf einer anderen Entwicklungsstufe angekommen. Sie sind aus bestimmten religiösen Dogmen herausgewachsen. Sie fordern eine intellektuelle Bestätigung und logische Begründung und wissenschaftliche Untermauerung der religiösen Ideale oder Dogmen. Ihnen fehlt der Zugang zum Glauben. Die *Gottesfrage* wird in der Kirchenkrise (von denen es schon einige gab) und einer immer weiter um sich greifenden Selbstüberschätzung der Menschen erneut gestellt. Mit dem Verstand wird Gott nicht erkannt werden. *Geheiligt werde sein Name.- Der Glaube kommt aus dem „Ge-hör“* (Röm 10, 17). Luther übersetzte hier missverständlich *aus der Predigt*. Er wollte wahrscheinlich sagen, dass der Glaube *in Verbindung von Vernunft und Logik* entsteht. Diese Meinung wird im Übrigen auch vom Tibetischen Buddhismus vertreten.

Man kann weder ihnen noch den religiösen Idealen einen Vorwurf machen. Letztere waren mit ihrem Auffassungsvermögen

[73] J. Sarfatti, Die geheime Physik des Zufalls, Quantenphänomene und Schicksal – Kann die Quantenphysik paranormale Phänomene erklären? Edition BoD, aktualisierte Neuauflage, herausgegeben von Vito von Eichborn, Norderstedt 2008: Nichts geschieht im menschlichen Bewusstsein, ohne dass irgendetwas im Universum darauf reagiert. Mit jedem Gedanken, jeder Handlung beschreiben wir nicht nur unsere eigene kleine Festplatte, sondern speichern auch etwas im Quantenuniversum ab, das unser irdisches Leben überdauert. S.a. R. Froböse, Der Lebenscode des Universums. Quantenphänomene und die Unsterblichkeit der Seele, Lotos Verlag, München 2009. Sarfattis Thesen stützen sich auf das sog. Verschränkungsprinzip der Quantenphysik, mit dem er den Schlüssel zur Lösung für den Dualismus von Leib und Seele zu haben glaubt. Auf dieses Prinzip ist schon Albert Einstein gestoßen. Dieser hat es aber als spukhafte Fernwirkung nicht weiter verfolgt.

[74] S.W. Hawking, Einsteins Traum, Expedition an die Grenzen der Raumzeit, Rowohlt, Hamburg 1993.

[75] Das Dritte Testament, Martinus Verlag, Ockenfels.

der Entwicklungsstufe der damaligen Zeit angepasst (Ein gefährlicher Hochmut anderen Völkern gegenüber klingt hier mit, ist aber scheinbar so nicht beabsichtigt gewesen). Der neue Mensch braucht Wissen für sein Lebensfundament, d.h., er muss die geistigen Ursachen hinter der physischen Wirklichkeit kennen, damit er eine moralische Anleitung für sein Dasein schaffen und seine Einstellung ändern kann, sofern er sich von zu Hause schon ein mitfühlendes Denken mitgebracht hat.

Hinter vielen Entdeckungen in der Wissenschaft sehen ihre Forscher Geistiges. Es entwickelt sich ein neues Bewusstsein zum Leben (Mt 19, 17). Die Menschen werden wieder gottesbewusst. Mit ihrer auch *aufgeklärten Vernunft* haben sie die Möglichkeit, den Materialismus zu überwinden. Aus der Finsternis der Gottesferne beginnt ein neuer Weg ins befreiende Licht der Fairness, der Hilfsbereitschaft, des Mitgefühls und der Liebe. Die Idee des Gemeinsamen (common) wird neu diskutiert.[76] Der Weg der Liebe, der Hoffnung, der unbedingte Glaube, dass Rettung naht, bleibt bestehen und damit auch die Religiosität. Geseko von Lüpke spricht von einer Politik des Herzens.[77]

Papst Benedikt XVI. meint, *dass der Dialog Gottes mit den Menschen nur als Dialog zwischen den Menschen stattfindet.*

Wir Europäer sind eine Kulturgemeinschaft aller Länder des Abendlandes. *Das Abendland ist ein geistiges Kind des Nahen Orients, Ägyptens, der griechischen Kultur wie des römischen staatspolitischen Genies.*[78] Nach Renaissance, Reformation, Freiheitskriegen, Aufklärung und Französischer Revolution sind wir von den Werten der Aufklärung und des Humanismus geprägt. Daraus hat sich die Demokratie mit ihren Formen von Freiheit, Gleichberechtigung der Geschlechter, der individuellen Selbstbestimmung, der Pluralität und der universellen Menschenrechte entwickelt.

[76] M. Hardt, Antonio Negri, Common Wealth, Campus.

[77] G. von Lüpke, Politik des Herzens, Arun.

[78] I. Lissner, Wir sind das Abend-Land, Gestalten, Mächte und Schicksale Europas durch 7000 Jahre, Gondrom Verlag GmbH u. Co.KG, Bindlach 1993.

Dazu hat eine beherrschbare Technik das Leben erleichtert und die Lebensqualität und den Wohlstand in vielen Bereichen gesteigert.

Wie Geschwister sind seit altersher die beiden Ortsteile Rüdigheim und Ravolzhausen mit ihren spezifischen Werten, ihrer lokalen Identität und gelebten Kultur verbunden: durch Konflikte, aber auch durch Harmonie und Versöhnung, durch gemeinsames Leid und Feste, Heirat und Familienbande, auch durch einen Zusammenhalt, der durch die Kirche und einen gemeinsamen Gott gegeben war. Man nennt es Heimat – ein Geschenk unserer Vorfahren, Verpflichtung und Halt gleichermaßen.

Wir wissen, dass ohne Kenntnis des Erbes der Ahnen eine bestimmte Identität, auch unserer beiden Ortsteile, nicht bewahrt werden kann.

Die Herausforderungen der Zeit durch eine weltweite Globalisierung und Medialisierung und durch einen Strukturwandel von der Industrie- zur Dienstleistungsgesellschaft und Kreativwirtschaft mit einem einhergehenden technologischen Wandel und Entwicklung bei der Produktion, in den Haushalten und im Verkehr erfordern eine besondere technische Infrastruktur unserer Städte und Regionen. Innovation und Partizipation sind die Schlagworte eines urbanen Wandels, bei der durch die Vermischung von Arbeit und Wohnen durch neue Informationstechnologien zu mehr Gerechtigkeit, Freiheit, gleichmäßiger Versorgung und Nachhaltigkeit führen können, welche das Leben der Bewohner besonders lebenswert machen sollen. Damit in einer künftigen Stadt mit einer intelligenten, integrierten und vernetzten Infrastruktur auch die Beziehungen zwischen den Menschen, Institutionen und Diensten stimmen, ist es notwendig, ihnen ein besonderes Augenmerk zu widmen.

Die in unserem Wappen symbolhaft gekennzeichneten Werte unserer beiden Ortsteile haben uns lange Zeit getragen. Ich meine, wir brauchen sie nicht erst aus den Zwängen einer vergangenen Zeit befreien. Ihre in den Werten verborgenen Tugenden tragen auch heute noch. Erinnern wir uns. Es sind der Respekt vor der

Arbeit der Menschen und der Natur und die Aufforderung zur Nächstenliebe.

Einige bisher noch nicht veröffentlichte schriftliche Dokumente aus dem Rüdigheimer Archiv mögen beispielhaft in den Anlagen darüber Aufschluss geben. Sie sind von mir in eine lesbare Form übertragen worden, ohne jedoch die ursprünglichen Wörter zu verändern. Es handelt sich im Einzelnen um:

1. Vergleich zwischen „Riedigheim undt Raffolhaußen" von 1699 (GdeArch.Rüd, Fach 3, Nr. 2), Tafeln 21-22.
2. Extractus des Regierungsprotokolls vom 11. Juni 1736: Streit über Viehweiden zwischen Rüdigheim und Ravolzhausen: Tafel 23;
   ebenso 16.6.1780 und 29.6.1780: Tafel 24.
3. Vertrag zwischen der Gemeinde Rüdigheim und Ravolzhausen zum Viehtrieb am Tiefenborn von 1847 (GdeArchRüd, Fach 85, Nr. 3)
4. Schreiben des Geometers vom 6.12.1848 mit Zeichnung eines Grenzsteines

Verzeichnisse und Tafeln

Abbildungsverzeichnis:

Tafelverzeichnis:

Tafeln:

Tafel 1: Das Wappen der Gemeinde Neuberg

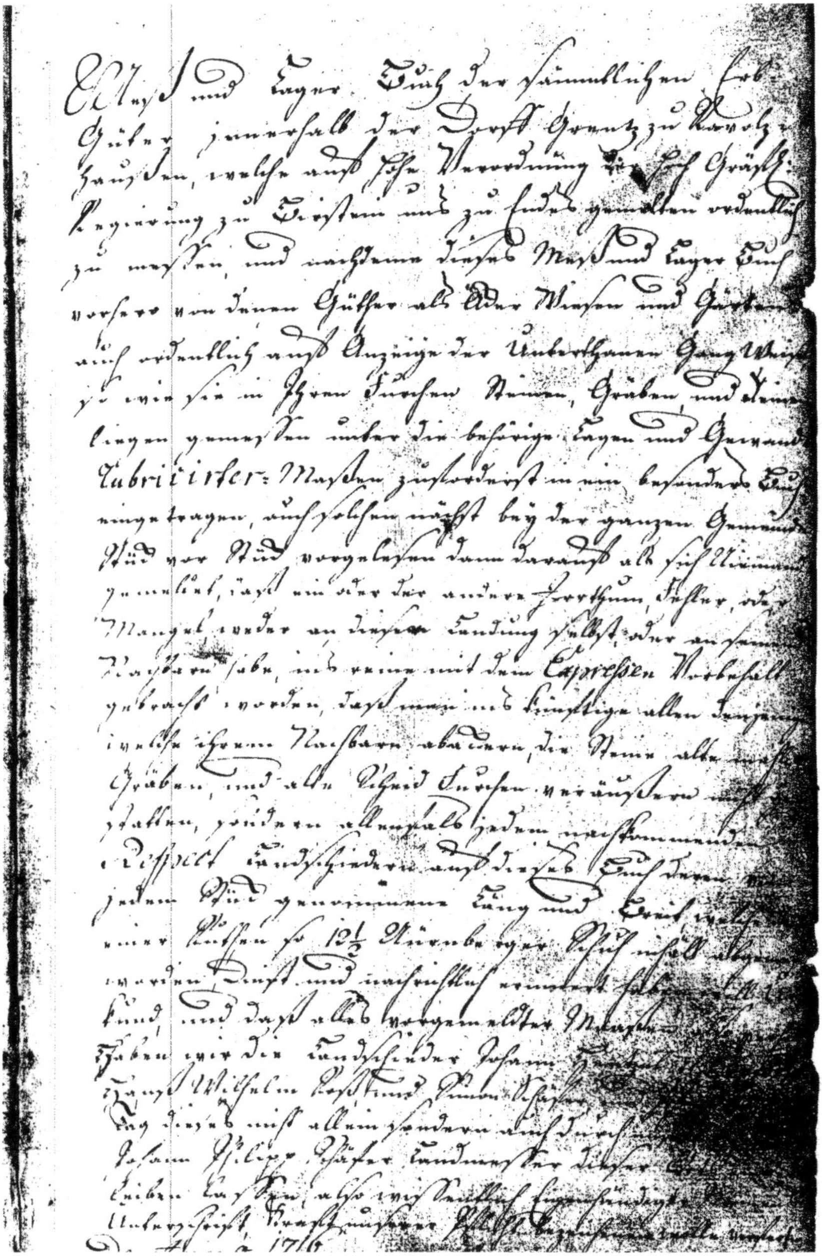

Tafel 2: Vorblatt des Lagerbuchs der Gemeinde Ravolzhausen

Meß und Lager Buch der sämtlichen Erb=
Güter innerhalb der Dorf Grentz zu Ravolz=
haußen, welche auf hohe Verordnung der Hoch Gräfl.
Regierung zu Birstein uns zu Endes gemelten ordentlich
zu messen und nachdeme dieses Meß und Lager Buch
vorher von denen Güther als Äcker Wiesen und Gärten
auch ordentlich auf Anzeige der Unterthanen Gang Weiß,
so wie sie in Ihren Furchen Steinen, Gräben und Steinen
liegen gemessen unter die behörige Lagen und Gewandte
Rubricirter = Maßen zuforderst in ein besonders Buch
eingetragen, auch solchen nächst bey der ganzen Gemeinde
Stük vor Stük vorgelesen dann darauf als sich Niemand
gemeldet, daß ein oder der andere Irrthum, Fehler, oder
Mangel, weder an dieser Landung selbst, oder an seinem
Nachbarn habe, ins reine mit dem Expressen Vorbehalt
gebracht worden, daß man ins künftige allen denjenigen
welche ihrem Nachbarn abakern, die Steine alte mahl=
Gräben, und alte Scheid Furchen veräußern nicht ge=
statten, sondern allenfals jedem nachkommenden
Respect Landschiedern auf dieses Buch deren von
jedem Stück genommene Läng und Breit, welche mit
einer Ruthen so 12 $\frac{1}{2}$ Nürnberger Schuh inhält abgemessen
worden, Dinst und nachrichtlich erinnert haben will Ur=
kund, und daß alles vorgemeldter Maaßen also verhalt,
haben wir die Landschieder Johann Hentzel et Conhorten
Hanß Wilhelm Soß und Simon Schäfer, und Johann Daniel
Tag dieses nicht allein sondern auch durch unseren Schreiber
Johann Philipp Schäfer Landmesser dieses Orts einver=
leiben lassen, also wissentlich Eigenhändiger Namens
Unterschrift, Kraft unserer Pflicht bezeichnen wolle verfertigt.

de Anno 1716

Tafel 3: Transkription Vorblatt
des Lagerbuchs der Gemeinde Ravolzhausen

Das sich im Archiv der Gemeinde Neuberg befindliche Meß- und Lagerbuch der sämtlichen Erb-Güter in Ravolzhausen ist ein in dickes Schweinsleder gebundenes Buch im Format 34 mal 22 cm und 8 cm stark. Äußerlich ist es nicht beschriftet. Im Einbanddeckel befinden sich an der zu öffnenden Seite zwei Ösen, in denen noch zwei kurze Lederriemchen befestigt sind, mit denen das Buch ursprünglich zu verschließen war. Zwischen 11 leeren Blättern am Anfang und 17 am Ende wurde von 1716 bis zum Jahr 1844 auf 397 Blättern aufgeschrieben, wer wo in Ravolzhausen Besitz hatte. Zwar endet das Buch mit der mit der Ziffer 404 beschrifteten Seite, dies liegt aber daran, dass bis Ziffer 376 die Blätter gezählt wurden und ab da die Seiten gezählt werden, also doppelt. Auch sind einige Seiten bzw. Blätter in dem Buch, welche nicht beschrieben sind. Nach einem Vorwort, welches oben verkleinert und wortgetreu übersetzt abgebildet ist, wurden die Register mit den einzelnen Lagebezeichnungen aufgeführt. Am Rande sind sie zum besseren Auffinden mit den jeweiligen Seitenzahlen versehen. Natürlich konnte dieses *Inhaltsverzeichnis* am Anfang nicht komplett sein. Immerhin waren ja 128 Jahre zwischen dem ersten und dem letzten Eintrag vergangen. Dann werden die einzelnen Lagen mit den Besitzern mit Art und Größe ihrer Liegenschaft aufgeführt. Am Ende des Buches befinden sich noch einige mit Vermessungsskizzen versehene Anlagen.

Acker und
Lager Buch
über
Die zum HochRitter[lichen] Malthesser ordens Closter
zu Rüdigheym zu ständige güther, welche sich zu
Ober- und NiederYssig- wie auch zu Rüdigheym Bey Jetz-
Beschehener Renovatur und General Land Messung
Nach Jedes orths habenden gewöhn[lichen] Ruden, und zwar
Ein Jedes stück in Specie nach dem Bey gefügten maas staab in
grund gezeignet, und dabey groß befunden, Wie Hier
NachFolget. So geschehen Jm Jahr Christi Ein Tausend
Sieben Hundert und acht zehn [et cetera] von
J[ohann] Conrad Lind[...?]
Hochgr[äflich] Hanauischer
Landrenovator et ingen[..?]

Tafel 4: Acker- und Lagerbuch der Malteser Rüdigheim

Tafel 5: Die wahrscheinlich älteste Darstellung von Rüdigheim

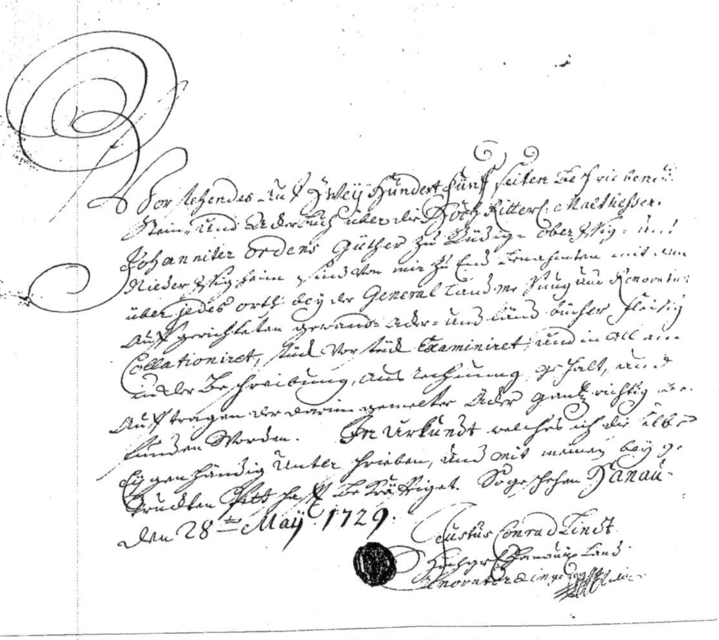

Vorstehendes auff zwey hundert fünff seiten Beschriebenes
Stein- und AckerBuch über die Hoch Ritter[lichen] Malthesser-
Johanniter Ordens Güther zu Rüdig- OberIssig- und
NiederIssigheim sind von mir zu End Benahmten mit dem
über jedes orth bey der General Land Messung und Renovatur
auffgerichteten gewand-acker- und länd bücher fleissig
Collationiret, stück vor stück Examiniret, und in allem
in der Beschreibung, ausrechnung, gehalt, und
aufftragender darin gemelter Äcker gantz richtig Be-
funden worden. In Urkundt welches ich dieselbe
Eijgenhändig unterschrieben, und mit meiner bey ge-
druckten Pettschafft BeKräfftiget. So geschehen Hanau
den 28[s]t[en] Maij 1729.

SIEGEL Justus Conrad Lindt
Hochgr[äflich] Hanaui[scher] Land-
renovator [und] ingen[....?]

Tafel 6: Stein- und Acker Buch Rüdigheim

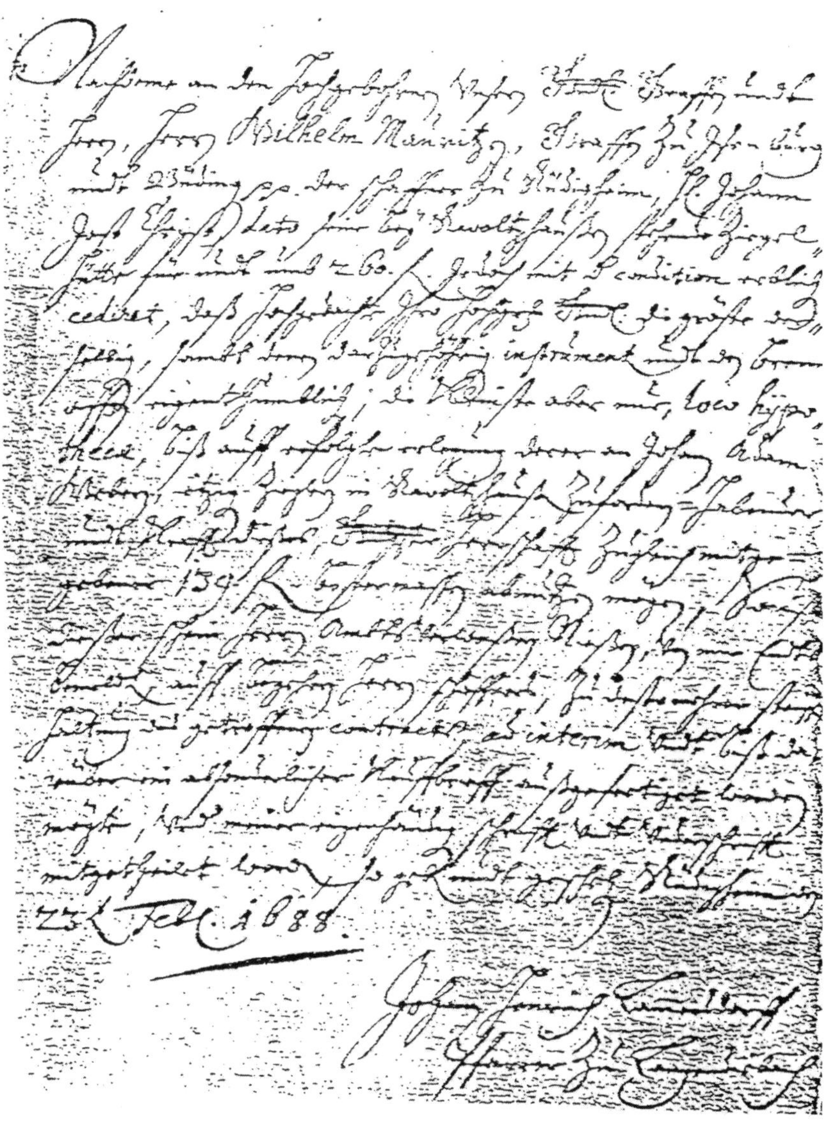

Tafel 7: Urkunde mit Ersterwähnung einer *bey Ravoltzhaußen stehenden Ziegelhütte* vom 23. Februar 1688, Archiv der Fürst von Isenburgischen Rentkammer in Birstein

Wiedergabe der Seiten 131 f. der veröffentlichten Chronik Rüdigheims von Friedrich Elsässer mit freundlicher Genehmigung von Heinz Elsässer, Emstal:

Der alte Eingang zur Kirche am Südausgang ist mit einer Gedächtnissäule zugemauert, welche Auskunft über die Instandsetzung der Kirche und des Hauses gibt. Die Inschrift lautet:

Cippus Christianus
oder
Christliche Gedächtnissäule
aufgerichtet
von Joh. Jost Christen in die 32 Jhr. gewesenen
Kommenturnverwalter zu Rüdigheim im Jhr. Christi
1696
Hassia me Genuit Neukirchae Tempore duro Tunc Cum
Res Patriae Procubuere meae.
In böser Zeit geboren in böser Zeit erzogen, war
ich der erste Christ das Unglück abgewogen, auf meiner
Jugendreiß da Tod und Leben rungen, zu Wasser
und zu Land mit Gott ist durchgerungen, der mir
ein Tugendbild zu Rüdigheim gegeben, die Grimmim waret
genannt merks Leser ja gar eben, 9 Kinder sie bekam
davon der Erdenschoß, schon achte heget tot noch
einer lebet bloß, derselbe hat gebauet vom Jahr
sechzig und vier an, die Kirche und das Hauhs wie
ein jeder zeigen kann, nun will ich wandern fort und
schaffen besser ruh, an einem ander Orth ich schließ
die Thüre zu.
Zu ehren
meiner seeligen Hausfrau Anna Regina welche Gott
aus dieser Zeit mit dem ewigen verwechselt ao 1691
29. Aug. ihres Alters im 57 in vergnügter Ehe hinge-
bracht.
Da nun die Seele lebt in Gottes Hand versetzt ihr
Andenken hierin unser Brust grüst
Die Tugend unversehrt ihr Nachruhm unverdorben
so ist sie uns nicht tod ihr Leib ist nur gestorben.

Wenn nun aus der Inschrift der Gedächtnissäule hervorgeht, dass die Gedächtnissäule die Türe zugeschlossen hat, so muss diese Säule irgendwo anders gestanden haben, denn die Eingangstür an der Südseite ist noch bis zum Jahre 1846 benutzt und erst in diesem Jahr ist sie durch die neue Tür am Westausgang (die jetzige Kirchentür) ersetzt worden.

Tafel 8: Auszug aus der Chronik Rüdigheims
von Friedrich Elsässer zur Gedächtnissäule von 1696
in der Johanniter Kirche in Rüdigheim

Abschrift eines Vertrages vom 12. Dezember 1776, der sich bei den Unterlagen der ehemaligen Firma Ravoton befand.

Von Gottes Gnaden, Wir Karl Friedrich Ludwig Moritz, Fürst zu Ysenburg, Graf zu Büdingen, Königlich Preußischer General-Major, des Maltheser Ritter-Ordens Commandeur, und des Königlich Beierischen Sanct-Hubertus Ordensritter

Urkunden und bekennen hiermit für Uns und Unseren Landes-Nachfolger = Wachdeme Johann Michael Göbig, dermaliger Besitzer der von Uns und Unserm Fürstlichen Hause zu Erbleihe gehenden Ziegelhütte bei Ravolzhausen, nach Unserm erfolgten Regierungs-Antritt Uns unterthänigst gebeten, Wir geruhen möchten, die von Unseres in Gottes ruhenden Herrn Vaters Gnaden über sothane Ziegelhütte ihm vorhin ertheilete Erbleihe, welche von Wort zu Wort also lautet:

Von Gottes Gnaden Wir Wolfgang Ernst, Fürst zu Ysenburg, Graf zu Büdingen, pp. Des Königlich pohlnischen Weißen Adler Ordens Ritter, p. urkunden und bekennen hiermit, daß Wir der Zieglerin Angelica Elisabetha Göbiging zu Ravolzhausen Unsere Ziegelhütte und Zugehör daselbst zur Erbleihe, und ihr darüber folgenden Erbleih-Brief ausfertigen lassen:

Von Gottes Gnaden, Wir Wolfgang Ernst, Fürst zu Ysenburg, Graf zu Büdingen, pp. Des Königlich Pohlnischen Weißen Adler Ordens Ritter, p. urkunden und bekennen hiermit für Uns, Unsere Erben und Nachkommen, daß Wir mit gutem Wissen und Vorbedacht Unseres besseren Nutzens willen, Unsere eigenthümliche Ziegelhütte zu Ravolzhausen, mit darzu gehörigen Gebäude Brenn-Ofen, und Inventarien Stücken, wie auch dem dabei seyenden Geländ, als

a) Eine Wiese und Kraut Garten beim untersten Weeg neben der Bach, und Adam Webers Erben a = 2 Morgen = 3. Viertel:
b) Eine Wiese in der Lache Wiese, neben Johann Daniel Tag und Simon Schäfer von 1. Viertel: 23 = ¾ Ruth

c) Eine Wiese in der Römern Wiese neben Johann Konrad Schäfer, = 1. Viertel: = 34 ½ Ruth, haltend Unser bisher eigen Temporal (=Besitz) Ziegelhütten Beständerin (=Pächterin) Angelica Elisabetha Göbigin, und ihren ehelichen Leibes Erben männ- und weiblichen- Geschlechts mit allen Recht- und Gerechtigkeiten, nach Solmßischen Landes Rechten und hiesiger Landes Gewohnheit dergestalt zur Erbleihe gereichet und übergeben haben,

1. Daß sie diese Ziegelhütte und Zugehör nach ihrem besten Vermögen benutzen und gebrauchen, die Ziegel, Backsteine und Kalk, inn- und außer Landes ohngehindert verkaufen möge.
2. Soll dieses Erbleihrecht nach ihrem Todte nur auß eines ihrer Kinder, und zwar auf desjenige so sie Erbbeständerin bei ihren Lebzeiten etwa darzu ernennet, soll solches auf den ältesten Sohn, wenn er darzu tüchtig ist, kommen damit belehnt, auch bei künftigen Fällen immerfort also gehalten werden. Wobei aber
3.Wenn er noch mehrere Geschwister hat, diese Erbleihe nicht höher angeschlagen werden darf, als
1. soviel das jetzt bezahlte Laudemium a 500 fl beträgt, (Lautemium = Abgabe an den Landesherrn, ein altes deutsches Recht) dann
2. der halbe Werth der gehabten Bau Kosten, der von einem jeweiligen Erbbeständer erbauten Gebäuden, wenn sie noch in vollkommen guten Stand sind, wenn sie aber schon viele Jahre gestanden haben, und darbei keine merkliche oder Haupt Reparatur in Kürzen bedörfen, der Dritte Theil der Bau Kosten, wenn sie aber alt und baufällig sind, gar nichts angerechnet werden, wornach derselben seine Geschwister wegen dieser Erbleihe ein für allemal abfindet, so daß sie als dann an dieser Erbleihe keinen weiteren Anspruch zu machen haben.

4. Solle Erbbeständerin nicht nur gegenwärtig, sondern auch hinführo ein jeweiliger Erbbeständer die zur Ziegellei gehörigen Gebäude in guten Stand auf eigene Kosten herstellen und gut erhalten, worzu ihnen das nöthige Eichen Holz zu Eck Posten und Schwellen aus Unserer Waldung gegen Bezahlung der Forstgebühren gratis verabreicht, auch hierzu die bisher gewöhnliche Frohnden bewilligt werden sollen.
5. Versprechen Wir zum besten der Hütte einem jeweiligen Erbbeständer aus Unserer Langendiebacher Zehnd Scheuer jährlich zwei Fuder Rockenstroh ohnentgeltlich verabreichen zu lassen. Dann wird auch
6. hiermit bewilligt, daß sie, Erbbeständerin und die künftigen Besitzern dieser Ziegellei, den nöthigen Letten, Laimen und Sand noch fernerhin von den gewöhnlichen Orten graben, auch die Kalk Steine in der Langendiebacher Terminei (= Gemarkung) brechen mögen, dargegen aber sollen sie verbunden seyn, jederzeit gute und tüchtige Waaren zu verfertigen, bei verfallen den Herrschaftlichen Baulichkeiten das Achtel Kalck Gelnhäuser Maas für Vierzig Fünf Kreuzer, und das tausend Ziegel und gebacken Steine einen halben Gulden wohlfeilen, als solche die Unterthanen zu Langendiebach und Ravolzhausen nach der bisherigen Observanz (=Herkommen, Gewohnheitsrecht) und dem mit ihnen getroffenen Vergleich erhalten und liefern.
7. Versprechen Wir auch der Erbbeständerin und einem jeweiligen Erbbeständer die Leibes- oder Hand Frohnde Freiheit wie auch auf Zwölf bis Fünfzehn Morgen eigenthümliches beschwerdes Acker-Land, die Geschirr Frohnde Freiheit.
8. Muß sowohl bei Veränderung des Lehen Herrns als auch des Erbbeständers ein neuer Lehn-Brief gegen Entrichtung der gewöhnlichen Gebühren von 11 fl. Exclusive (= ausschließlich) des Stempel Papiers und Schreib Gebühren gelöset und binnen Jahres Frist darum behörig nachgesuchet werden. Und im Fall

9. Ein Erbbeständer dieses Erbbestandes Recht an einen Anderen als vom ersten Erwerber abstammenden verkaufen wollte, soll er solches fordern sampt dem Lehen Herrn anzeigen, und die Einwilligung hierzu einholen, darauf und nach erhaltener Erlaubniß er solches an eine der Herrschaft anständige und in dem Gewerb erfahrene Persohn käuflich belassen kann, welche aber sich alsdann damit belehen lassen, und das Laudemium vom Kaufschilling mit 5. plant. bezahlen muß, wenn

10. Ein Erbbeständer ohne eheliche zum Erbleih befugte Leibes Erben versterben sollte; so fället diese Erbleihe ohne einige Vergütung der etwaigen Meliorations Kosten (=Bodenverbesserung) und bezahlten Laudemü der Herrschaft wiederum anheim.

11. Hat Erbbeständerin versprochen, für dieses Erbleih Recht Fünfhundert Gulden Laudemial Gulden, und zwar die Hälfte sogleich bei Aushändigung dieser Erbleihe, die andere Hälfte aber ein Jahr darnach zu Unserer Amtskellerei Selbold gegen Quittung zu bezahlen, darneben auch jährlich und jedes Jahr vom 1ten Jannery 1777 an, besonders Einhundert Vier Gulden Frankfurter Eurrenter Wehrung in den 24 fl. Conventions Münz Fuß als einen ständigen Canonen und zwar alle halb Jahre pro rata in Unsern Kellerei Selbold zu bezahlen, auch die Ziegelhütte in guten Stand zu erhalten, widrigenfalls aber und wenn sie in der Zahlung so säumig wäre, daß von zwei Jahren der Erbzins ohnbezahlt bliebe, oder sie die Hütte in Verfall gerathen ließe, sie als dann des Erbleih Rechts verlustig seyn und die Hütte sammt Zugehörungen Uns oder Unsern Succehhoren ohne etwas dargegen zurückfordern zu können, wiederum heimfallen solle. Sollte aber

12. Bei entstehender Kriegs Zeiten oder anderen Unglücks Fällen ein Erbbeständer verhindert werden, daß anderen Unglücks Fällen ein Erbbeständer verhindert werden, daß er die Hütte etwa in Zeit von einem Jahr nicht benutzen konnte, solle deshalb wegen des Erbpachtes nach Billigkeit behandelt werden, wie dann auch im Fall in der Ravolzhaußen oder Diebacher Terminey keine Kalck Steine und Laimen mehr vorhanden wäre, und dem zeitigen Erbbeständer in einer oder anderen nahen Terminey dergleichen zu holen nicht angewiesen werden könnte, wodurch er also außer Stand gesetzt würde, die Ziegler Handthierung zu betreiben, ihme alsdann eine Moderation an Erbzins geschehen solle Übrigens und

13. Soll Erbbeständerin und ihne Succehhoren Uns und Unseren Fürstlichen Hauße und Landes Nachkommen, jederzeit treu und hold seyn, Unsern Nutzen zu befördern und Schaden abzuwenden suchen, und sich in allen Stücken so betragen, wie es einem rechtschaffenen Erbbeständer gebühret.

Zu Urkund dessen haben Wir diesen Erbbestands Brief eigenhändig unterschrieben und mit Unserm Fürstlichen Insiegel wissentlich bedrucken lassen. so geschehen
Birstein den 12 Ten Decemb: 1776

Wolfgang Ernst FzYb: *L:S:*

(Fzyb: = Fürst zu Ysenburg Birstein)

Tafeln 9-11: Vertrag vom 12.12.1776

Gestattungsurkunde

Der Firma Müller und Will in Ravolzhausen wird auf Grund des § 16 der Gewerbe-Ordnung und § 110 des Zuständigkeits-Gesetzes vom 1. August 1883 die Commission zur Errichtung und zum Betrieb einer Dampfziegelei- und Falzziegelfabrik auf ihrem in der Gemarkung Ravolzhausen gelegenen Grundstück Kartenblatt F No 615/389, nach Maßgabe der vorliegenden Zeichnung und unter folgenden Bedingungen erteilt:

1. Es ist für gesundes, reichliches Trinkwasser durch Anlage eines genügend tiefen Brunnens sorge zu tragen.
2. Zwischen den beiden Schlafräumen und den Kochräumen ist noch je ein vollständig abgegrenzter größerer Raum zur Aufnahme der Kleidungsstücke der Ziegler sowie des Meisters anzubringen, da es unzulässig ist, dass die vielfach nassen und sehr schmutzigen Kleidungsstücke im Schlafraum selber untergebracht werden. Die Fenster sind zum Öffnen einzurichten. Es ist Sorge zu tragen, dass die betreffenden Räume stets entsprechend reinlich gehalten werden. Die gezeichneten Bettstellen sind als Einzel- und nicht etwa als übereinander liegende Doppelbettstellen auszuführen.
3. Dem Schornstein darf stets nur ein blasser Rauch entströmen, zu welchem Zweck eine Einrichtung (Oberlicht) zu treffen ist, dass die Schornsteineinmündung stets vom Heizerstande aus beobachtet werden kann. Die Verbrennung ist so zu regeln, dass Belästigungen der benachbarten Grundstücke durch den Schornstein jederzeit völlig ausgeschlossen sind.
4. Über dem Ziegelofen und in seiner nächsten Nähe dürfen weder Schlafräume noch Ruheplätze angebracht werden.
5. Die Unfallverhütungsvorschriften der Ziegeleiberufsgenossenschaft sind in den Arbeitsräumen, bzw. an den mechanisch betriebenen Einrichtungen, an leicht sichtbarer Stelle anzubringen und dauernd in gutem Zustande zu erhalten.
6. Hinsichtlich etwaiger maschineller Einrichtungen sind gemäß § 120 a der Gewerbeordnung die erforderlichen Schutz-

mit Maschinen pp anzubringen.
7. Die Sonntagsruhebestimmungen des § 105 c der Gewerbeordnung vom 1. Januar 1891 sind genau zu befolgen.

Der Kreisausschuss

L.S. Unterschrift

Tafel 12: Gestattungsurkunde der Fa. Müller und Will

HANAU-LAND — Jahrgang 260 / Nummer 234

Rätselraten um Fortbestand von Ravoton

Das Ravolzhäuser Klinkerwerk schließt am 30. November seine Tore – Weitere Nutzung ungewiß

Neuberg (ek). – Am 30. November dieses Jahres ist für 42 gewerbliche und kaufmännische Mitarbeiter der Ravoton Klinkerwerke in Neuberg erst einmal Feierabend, denn dann schließen sich die Pforten des seit Jahrzehnten in Ravolzhausen produzierenden Betriebes.

Wie von der Geschäftsleitung zu erfahren war, möchte sich der schweizerische Burger-Konzern, zu dem der Neuberger Betrieb zählt, von den Klinkerwerken trennen, da sie nicht zur sonstigen Produktpalette des Konzerns passen. Zudem kommt hinzu, daß die technischen Anlagen im Laufe der Jahre von neuen Entwicklungen total überholt wurden und nicht mehr zeitgemäß sind, so daß in vielen Arbeitsgängen der Produktion ein zu hoher Kostenfaktor anfällt. Die notwendigen Investitionen, um neue technische Produktionsverfahren einzuführen, werden aber vom Stammhaus aus verschiedenen Gründen nicht mehr aufgebracht, so daß man sich dazu entschlossen hat, die Ravoton Klinkerwerke in Neuberg-Ravolzhausen erst einmal zu schließen.

Dies bedeutet aber nicht das Aus für den schon traditionellen Handwerkszweig in Neuberg, denn eine Unternehmensgruppe der Baustoffbranche ist stark an der Übernahme des Betriebes interessiert. So sind auch schon im Sommer ernsthafte Verhandlungen wegen eines Verkaufs des Burger-Betriebes gelaufen. Die Ravoton-Geschäftsleitung konnte auch schon darauf verweisen, daß die neue Eigentümerin des Werkes mit einem Investitionsaufwand von ca. zehn Millionen Mark plant, die technischen Einrichtungen des Werks total umzubauen und zu modernisieren.

Diese Rationalisierungen bedeuten auf der einen Seite, daß die Umweltbelastungen, die bisher von der Firma verursacht wurden, gänzlich wegfallen, denn die neuen Ofenanlagen sollen bis ins kleinste Detail den Anforderungen des Emissionsschutzes der TA Luft entsprechen und werden weder Ruß noch Schwefelpartikelchen an die Umwelt abgeben. Zum anderen werden in dem neuen Betrieb auch langfristig Arbeitsplätze gesichert, denn wie ein von Ravoton beauftragter Geologe herausarbeitete, sind in unmittelbarer Nähe des Betriebs noch Rohstoffvorkommen für ca. 40 Jahre vorhanden, obwohl die Produktionskapazität der neuen Anlagen erheblich größer ist als bei den bisherigen Öfen.

Daß man sich der sozialen Verantwortung gegenüber den Mitarbeitern vollkommen bewußt ist, wurde von der Geschäftsleitung immer wieder betont, denn es soll kein Versuch ausgelassen werden, der die Weiterbeschäftigung, zumindest eines Teils der Arbeiter, sicherstellt. Daher laufen die Bemühungen des Burger-Konzerns darauf hinaus, einen Käufer für das Werk in Neuberg zu finden, um die Produktion aufrechtzuerhalten.

Da es sich in den Neuberger Tongruben um ausgezeichnete Rohstoffqualität handelt, die zudem noch über Jahrzehnte zur Verfügung steht, habe man auch relativ schnell einen Abnehmer für die Klinkerwerke gefunden, verlautbarte aus der Geschäftsleitung. Allerdings, und hier ist nun der Haken zu sehen, habe der potentielle Käufer seinen Kauf davon abhängig gemacht, daß die seit Jahren stillgelegte Tongrube Ost, in der die großen Tonvorkommen liegen, auch für den Abbau wieder herangezogen werden darf. Diese Tongrube, die zwischen der Autobahn 45 Hanau–Gießen und der Landstraße zwischen Ravolzhausen und Langenselbold liegt, müßte dann nach neuesten technischen Erkenntnissen in einem Übertagebau, der allerdings bis weit unter den Grundwasserspiegel reichen würde, ausgebeutet werden.

Hier liegen die Schwierigkeiten. Die Genehmigung für einen weiteren Abbau muß vom Regierungspräsidenten erteilt werden. Dies ist aber nur nach vielfältigen Prüfungen und Gutachten möglich, da hier die Belange verschiedenster Institutionen, z. B. des Wasserwirtschaftsamtes, Bund für Umwelt und Naturschutz und schließlich auch die der Anlieger an der Tongrube, berücksichtigt werden müssen. Von der Firma Ravoton wurden auch schon Gutachten in Auftrag gegeben und Verhandlungen mit der Genehmigungsbehörde geführt. Die Ergebnisse seien bisher sehr vielversprechend gewesen, und man sei zuversichtlich, daß es einen erfolgreichen Abschluß des Genehmigungsverfahrens geben wird, so daß damit 30 Arbeitsplätze in Neuberg erhalten werden können.

Die ersten geologischen Gutachten lagen auch schon der Langenselbolder Stadtverordnetenversammlung vor, in deren Gemarkung die Tongrube Ost liegt. Hier wurden mit Blick auf die Arbeitsplätze keine prinzipiellen Einwände vorgebracht. Die Gemeindevertretung Neuberg hatte in verschiedenen Ausschüssen schon Gelegenheit, sich mit den ersten Unterlagen zu befassen. Es wurde aber noch keine Stellungnahme herausgegeben, da verschiedene Fragen noch offen seien. So möchte man in Neuberg geklärt haben, in welcher Weise das bei den Abbauarbeiten anfallende Wasser, das in den Fallbach gepumpt werden soll, sich auf den Grundwasserspiegel auswirkt.

Diese entscheidende Frage sei vom Geologen bisher nicht eindeutig und zur Zufriedenheit der Gemeinde erläutert worden, erklärte Neubergs Bürgermeister Uwe Hofmann auf Anfrage. Auch der Angelsportverein Ravolzhausen, der mit einem Teich an die Tongrube Ost angrenzt, zeigt sich skeptisch gegenüber den Erläuterungen. Bei den Petrijüngern befürchtet man, daß durch die Abbauarbeiten Wasseradern wegfallen könnten, die bisher zur Speisung des Teiches beigetragen haben, oder daß im schlimmsten Falle sogar Wasser aus dem Teich ablaufen könne, denn der Abstand zwischen Teich und Abbaugelände soll nur noch 25 Meter betragen.

Bis es hier zu einer genauen Klärung kommt, werden aber noch einige Wochen vergehen, in der die Ravoton-Arbeiter weiter im ungewissen sind. Für sie steht nur fest, daß am 30. November erstmal Schluß ist mit der Arbeit. Ob sie von den neuen Firmeneigentümern wieder eingestellt werden, ist für sie zumindest sehr fraglich, da viele ungelernte Kräfte sind und in einem mit modernsten technischen Anlagen ausgestatteten Betrieb der Rationalisierung zum Opfer fallen dürften.

Zusammen mit dem Betriebsrat hat man bei Ravoton dann auch schon einen Sozialplan ausgearbeitet, der mit der Schließung Ende November in Kraft tritt. Von seiten der Geschäftsleitung hofft man auf einen positiven Ausgang des Genehmigungsverfahrens, denn dann wären für einige Jahrzehnte wieder sichere Arbeitsplätze in Neuberg vorhanden.

Tafel 13: Artikel des Hanauer Anzeigers vom 9. 10. 1985

Auszug aus Schreiben an den Regierungspräsidenten in Sachen Naturschutz

I Beschreibung der Flora

a) Naßwiese und Feuchtwiese

(im Westen des geplanten Abbauabschnitt II; neben den Angelteichen)

Folgende Arten wurden festgestellt:

-Carex acutiformis (Sumpfegge)	*(Deckungsgrad 4; 50-75 % der Fläche bedeckend)*
-Juncus effusus (Flatterbinse)	*(Deckungsgrad 2; 5-25 % der Fläche bedeckend)*

-Juncus conglomeratus (Knäuelbinse)
-Achillea ptarmica (Sumpf-Schafgarbe)
-Angelica palustris (Sumpf-Engelwurz)
-Callitriche spec. (Wasserstern)
-Caltha palustris (Sumpfdotterblume)
-Cirsium olersceum (Kohl-Kratzdistel)
-Equisetum palustre (Sumpfschachtelhalm)
-Filipendula ulmaria (Mädesüß)
-Holcus lanatus (Wolliges Honiggras)
-Iris pseudacorus (Sumpfschwertlilie)
-Lemma minor (Wasserlinse)
-Lychnis flos-cuculi (Kuckucks-Lichtnelke)
-Lycopus europaeus (Wolfstrapp)
-Lythrum salicaria (Blutweiderich)
-Mentha aquatica (Wasser-Minze)
-Myosotis palustris (Sumpfvergißmeinicht)
-Phalaris arundiacea (Phorglanzgras)
-Sanguisorba off. (Großer Wiesenknopf)
-Symphytum off. (Beinwell)

Diese Liste, die mit Sicherheit noch erweitert werden könnte, verdeutlicht eindrucksvoll den botanischen Wert dieser Wiesen. Der eine Teil, ein so genannter Seggenried, ist durch ein ganzjährig vorhandenes Stauwasser versumpft und durch ausgeprägte Bultenbildung gekennzeichnet. Der andere Teil, mit wechselndem Wasserstand, hat typischen Auenwiesencharakter. Der Landschaftsplan der Gemeinde Neuberg weist diese Fläche als absolut schützenswertes Biotop aus.

b) Verschiedene kleine Wasserflächen (an verschiedenen Stellen des Geländes)

Diese Tümpel und Teiche wurden im Lauf der Zeit von verschiedenen Hygo- und Hydrophyten (Rohrkolben etc.) besiedelt. Zudem haben sich standortgerechte Gehölze angesamt:
-Salix fragilis (Bruchweide)
-Salix viminalis (Korbweide)
-Salix caprea (Salweide)
-Salix purpurea (Purpurweide)
-alnus glutinosa (Schwarzerle)

Sowohl die Wassertiefe als auch die Ausprägung der Ufer variieren bei den unterschiedlichen Wasserflächen erheblich, sodass auf diese Weise auf relativ kleiner Fläche ein Mosaik verschiedenster Lebensräume für Wasserorganismen entstanden ist. Das Wasser ist durch einen hohen Schwebestoffanteil aber durch geringe Nährstoffbelastung gekennzeichnet. In solchen, immer seltener werdenden oligotrophen Gewässern kommt es zu keinem übermäßigen Algenwuchs wie sonst bei den meisten künstlich angelegten Teichen. Damit bieten sich ideale Lebensbedingungen für die unterschiedlichsten Wasserorganismen (Amphibienlarven, Wasserwanzen, Wasserkäfer, Libellenlarven etc.)

f) Sonstige Flächen
An verschiedenen Stellen entwickeln sich auf dem Gelände wertvolle Heckenbestände. Es handelt sich um Gehölze wie Holunder, Weiß- und Schwarzdorn und verschiedene Wildrosenarten, die sich allesamt selbst angesiedelt haben und ideale Brutplätze für bestimmte Vogelarten darstellen.

Auf den freien Flächen, die keiner Nutzung unterzogen werden, hat sich eine Ruderalflora eingestellt, die besonders für die Insektenwelt von Bedeutung ist. Die eingezäunten Flächen weisen aufgrund der intensiven Beweidung durch Kühe starke Trittschäden auf; der Pflanzenbewuchs ist entsprechen spärlich. Das Fazit dieser Betrachtung lässt sich Folgendes festhalten:
Es haben sich auf kleinstem Raum ungewöhnlich viele unterschiedliche Pflanzengesellschaften etabliert. Es existierten in diesem Gelände viele selten gewordene Pflanzenarten. Die Bedeutung des Areals wird sich im Verlauf einer natürlichen Sukzession noch erhöhen.

II Beschreibung der Fauna
a) Bedeutung für Amphibien
Auf den Rohböden der Abbauflächen des Tongrubengeländes haben sich in Senken und Mulden durch Oberflächenwasser und Sickerquellen die oben genannten Tümpel und Teiche gebildet. Begünstigt durch rasche Erwärmung des flachen Wassers hat sich hier eine reichhaltige Tierwelt eingestellt. Hervorzuheben ist vor allem die Nutzung der Gewässer als Laichplatz von einer Vielzahl bedrohter Amphibienarten. Diese Fläche stellt wohl das bedeutenste Laichgebiet für Amphibien im unteren Kinzigtal dar! Die hier festgestellten Lurche sind alle in der „Roten Liste der in Hessen ausgestorbenen, verschollenen und gefährdeten Wirbeltiere“ aufgeführt:

-Bombina variegota (Gelbbauchunke)	*hochgradig bestandsbedroht*
-Triturus cistutus (Kammolch)	*bestandsbedroht*
-Bufo clamita (Kreuzkröte)	*bestandsbedroht*
-Triturus alpestris (Bergmolch)	*bestandsgefährdet*
-Triturus vulgaris (Teichmolch)	*bestandsgefährdet*
-Bufo bufo (Erdkröte)	*bestandsgefährdet*
-Rana esulenta-Komplex (Grünfrösche)	*bestandsgefährdet*
-Rana temporia (Grasfrosch)	*bestandsgefährdet*

Diese Liste verdeutlicht eindrucksvoll die außerordentliche Bedeutung dieses Gebietes für die Amphibien: von den 16 Arten, die in Hessen insgesamt vorkommen, sind hier allein 8 Arten zur Fortpflanzung geschritten!

b) Bedeutung für Reptilien

Alle heimischen Reptilienarten sind akut in ihrem Bestand bedroht. Ihre Biotope leiden vor allem unter den verschiedenen bau- und agrartechnischen Erschließungsmaßnahmen sowie der Umwandlung ehemals unberührter Gebiete in stark besuchte Erholungs- und Freizeiträume. Es ist daher nicht weiter verwunderlich, dass verschiedene Kriechtierarten nach Einstellung der Abbautätigkeit in der ehemaligen Tongrube dieses Gelände als eines der letzten Rückzugsgebiete in der Gemarkung besiedelt haben. Vor allem die südexponierten Steilhänge, die größtenteils nur spärlich bewachsen sind, werden von diesen wärmeliebenden Tieren aufgesucht. Bisher wurden folgende Kriechtierarten registriert:

-Natrix natrix (Ringelnatter)

-Lacerta agilis (Zauneidechse)

-Anguis fragilis (Blindschleiche)

Alle drei Arten sind in der Roten Liste von Hessen als bestandsbedroht charakterisiert.

c) Bedeutung für Vögel

Einen außerordentlich hohen Stellenwert hat dieses Gebiet auch für die Vogelwelt. Bei ornithologischen Erhebungen wurden bisher rund 90 verschiedene Arten registriert. Davon stehen 28 Arten, also rund ein Drittel auf der „Roten Liste“ ® der bestandsbedrohten Vogelarten in Hessen.

Brutvogelarten

-Bekassine ®	*1-2 BP alljährlich*
-Flußregenpfeifer ®	*1 BP alljährlich*
-Wasserralle ®	*1 BP nicht alljährlich*
-Braunkehlchen ®	*1 BP nicht alljährlich*
-Schwarzkehlchen ®	*1 BP bis 1980 alljährlich*

Neuntöter ®	*1 BP alljährlich*
-Zwergtaucher ®	*Brutzeitbeobachtungen liegen vor*
-Teichralle	*1 BP alljährlich*
-Bläßralle	*2-3 BP alljährlich*
-Stockente	*5 BP alljährlich*
-Feldlerche	*mehrere BP alljährlich*
-Goldammer	*mehrere BP alljährlich*
-Rohrammer	*2-3 BP alljährlich*
-Kiebitz	*1-2 BP alljährlich*
-Fitis	*1 BP alljährlich*
-Amsel	*1-2 BP alljährlich*
-Rebhuhn	*1 BP nicht alljährlich*
-Feldschwirl	*1 BP nicht alljährlich*
-Baumpieper	*1-2 BP alljährlich*
-Wacholderdrossel	
-Turteltaube	

Durchzügler

Der größte Teil der im nord- und osteuropäischen Raum brütenden Vogelarten zieht mit der überwiegenden Zahl seiner Individuen über Mitteleuropa in die atlantischen, mediterranen und afrikanischen Überwinterungsräume. Dabei müssen immer wieder geeignete Rastgebiete zur Nahrungsaufnahme aufgesucht werden. Infolge fortschreitender Biotopvernichtung mangelt es schon erheblich an solchen „Trittsteinen" für einen gesicherten und ungefährdeten Vogelzug. Die folgende Liste von Durchzüglern verdeutlicht die wichtige Funktion des Tongrubengeländes als Trittstein am Rande der Zugstraße Fuldatal-Kinzigtal-Maintal:

-Knäckente ®	*- Graureiher ®*
-Krickkente ®	*- Weißstorch ®*
-Reiherente ®	*- Große Rohrdommel ®*
-Tafelente ®	*- Braunkehlchen ®*
-Zwergtaucher ®	*- Wiesenpieper ®*
-Bekassine ®	*- Schafstelze ®*

-Flußuferläufer ®
-Flußregenpfeiffer ®
-Waldwasserläufer ®
-Kampfläufer ®
- Steinschmätzer ®
- Kiebitz
- Stieglitz
- Buchfink u. v. a.

Nahrungsgäste
Regelmäßig werden im Tongrubengelände Vögel benachbarter Biotope bei der Nahrungssuche beobachtet. Dabei wurden bisher folgende Arten registriert:

-Graureiher ®
-Weißstorch ®
-Baumfalke ®
-Rotmilan ®
-Schwarzmilan ®
-Habicht ®
- Sperber ®
- Schleiereule ®
- Mäusebussard
- Ringeltaube
- div. Drosselarten
- div. andere Singvogelarten

Als Fazit muss festgehalten werden, dass es in der gesamten Umgebung kaum eine andere Stelle gibt, die auf kleinem Raum eine solche ornithologische Artenvielfalt aufweist, wobei insbesondere die vielen seltenen und bestandsbedrohten Arten hervorzuheben sind.

d) Bedeutung für sonstige Tiere
Bedauerlicherweise konnten in der kurzen Zeit, die uns für diese Stellungnahme zur Verfügung stand, keine Erhebung über weitere Tiergruppen durchgeführt werden. Bei einer Untersuchung der Insektenwelt würde man mit Sicherheit auch eine Vielzahl bedrohter Arten finden. Hier sind zum einen wassergebundene Arten, wie Libellen, Wasserkäfer, Wasserwanzen etc. zu nennen, und zum anderen wärmeliebende Arten, wie Grab- und Goldwespen oder Pelz- und Langhornbienen hervorzuheben, die ihre Gänge ausschließlich in vegetationsarme Steilhänge graben.
Zusammenfassend kann gesagt werden, dass das Tongruben-gelände aufgrund seiner Beschaffenheit und Gliederung in

- Flachwassertümpel und –teiche,
- Naßwiesen,
- Feuchtwiesen,
- Grünlandflächen mit Obstbäumen,
- Brachflächen mit Heckenbeständen und
- Vegetationsarme Steilhänge
Lebensraum für viele bestandsbedrohte Pflanzen- und Tierarten bietet. Es ist in erster Linie:
-Nahrungsareal für bedrohte Großvögel
-Brut- und Rastbiotop für ans Feuchtland gebundene Vogelarten und
-bedeutender Laichplatz bzw. Lebensraum für Amphibien und Reptilien.

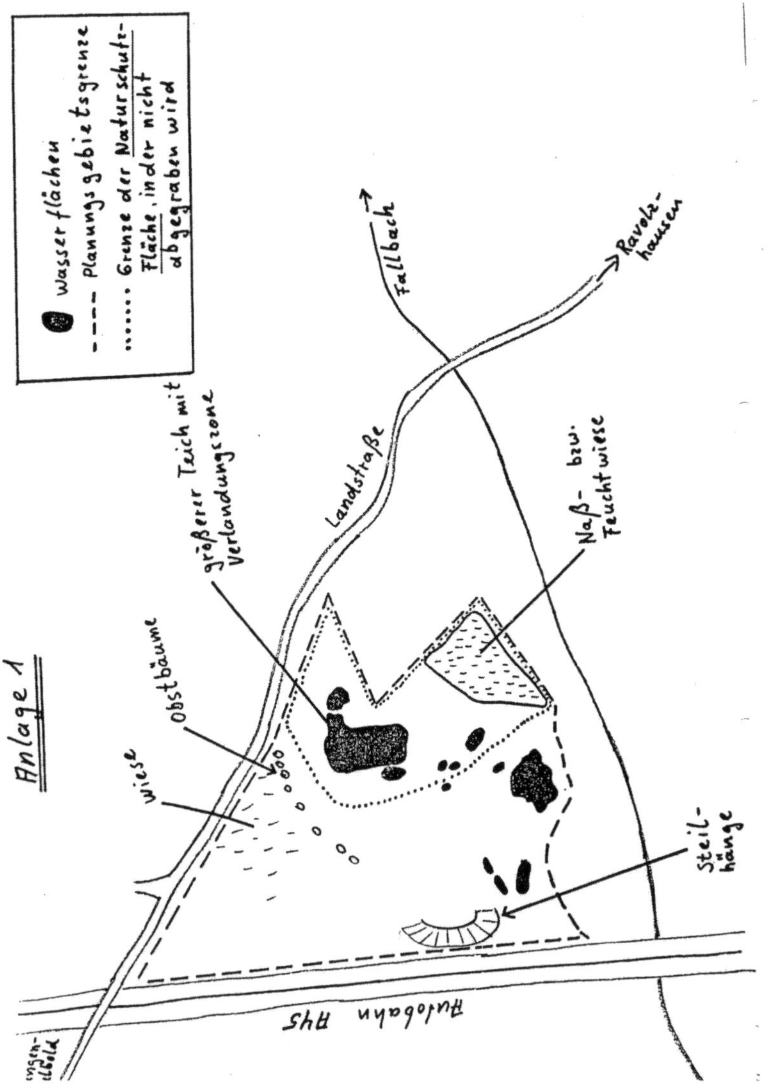

Taf. 14-18: Auszug des Schreibens an den Regierungspräsidenten in Sachen Naturschutz

Noch im Versuchsstadium befindet sich die Produktion der Blumentopffirma Hake, obgleich schon die ersten aus dem Brennofen kommen.

Ravoton-Essen qualmen wieder

Firma Hake will in Ravolzhausen Blumentöpfe produzieren

Neuberg (ek). – Die weithin sichtbaren Wahrzeichen des Neuberger Ortsteils Ravolzhausen werden bald wieder ihre eigentliche Funktion erfüllen und aus dem 13monatigen Dornröschenschlaf erwachen. Gemeint sind die beiden Schornsteine der Dachziegelwerke Ravolzhausen, die seit der Schließung des Werkes im November 1985 als Säulen verfehlter Industriepolitik zurückblieben.

Von der Schließung des Werkes waren damals über 40 Mitarbeiter betroffen, von denen etliche keine neue Arbeitsstelle finden konnten und den bitteren Gang zum Arbeitsamt machen mußten. Seit einigen Wochen gehört das der Vergangenheit an, denn die Firma „Hake" hat auf dem ehemaligen Betriebsgelände der Ravoton die Produktion von Blumentöpfen und -schalen aufgenommen.

Firmenchef Heinrich Lauermann erklärte in einem Gespräch mit dem HA, daß man die Produktionshalle gepachtet und einen Teil des Maschinenparks käuflich erworben hat. Zur Zeit befindet man sich noch im Aufbau- und Versuchsstadium, aber im Januar 1987 soll die Produktion voll anlaufen.

Das neue Unternehmen wird etwa 28 bis 30 Arbeitsplätze schaffen, und man hat vorrangig Kräfte eingestellt, die sich mit den örtlichen Gegebenheiten auskennen und früher bei Ravoton beschäftigt waren. Auf diese Weise konnten etwa 14 ehemalige „Ringofenarbeiter" wieder ihren alten Arbeitsplatz, wenn auch unter etwas geänderten Bedingungen, einnehmen. Heinrich Lauermann erläuterte, daß man den Ton aus den Neuberger Gruben nicht für die Blumentopfproduktion verwenden kann, da er von seiner Zusammensetzung her nicht geeignet ist, deshalb wird Rohmaterial aus dem Westerwald angefahren.

Die Aufbereitung und Formgebung wird aber in Neuberg erfolgen, so daß man davon ausgeht, für einen längerfristigen Zeitraum stabile Arbeitsplätze geschaffen zu haben. Geplant wurde eine Tagesproduktion von 20 Tonnen, die in einem Tunnelofen mit leichtem Heizöl gebrannt werden soll. Durch den Einbau einer Rauchgasreinigungsanlage wurde auch für die Umwelt einiges getan.

Da Heinrich Lauermann seinen Kundenkreis im Großabnehmerbereich hat, sieht er optimistisch in die Zukunft, und man wird abwartend beobachten müssen, wie sich die Produktionsstätte weiter entwickelt.

Tafel 19: Artikel des Hanauer Anzeigers vom 20.12.1986

ÜBERSICHT ÜBER EINIGE BEDROHUNGEN FÜR DAS BAUERNHAUS UND DIE JEWEILIGEN GEGENMASSNAHMEN

GEGEN	SCHUTZMASSNAHME
FEUER	Beifuß; magisches Quadrat auf Teller, der ins Feuer geworfen wird; am Johannistag gepflückte Distel; auf den Kamin gezeichnetes Kreuz; Milch von schwarzen Kühen; Karfreitagsei; Himmelfahrtsei; Holzscheit vom Johannisfeuer.
BLITZ	Beifuß; Weißdorn; entrindete Zweige, die am Bittsonntag geweiht werden; Weihnachtsscheit; Holzscheit vom Johannisfeuer; Lichtmeßkerze; Kreuz auf dem Kamin; Kreuz auf der Getreidemühle; Blatt vom Nußbaum (gepflückt vor Sonnenaufgang des Johannistags); Versteinerungen; Mistel von einer Eiche (ins Feuer geworfen); Hauswurz; Lorbeer; prähistorische Gegenstände; Eier vom Karfreitag, von Himmelfahrt oder Weihnachten; Steine auf der Getreidemühle; geweihter Zweig (ins Feuer geworfen); Glockenläuten; Heiligen- oder Madonnenstatuen; Distel vom Johannistag.
UNWETTER	Geweihter Buchsbaum; Lichtmeßkerze; Kirchturmgeläut; Nägel unter bebrüteten Eiern; Fußtritt des Pfarrers gegen die Wolken; Werfen von Kesselhaken gegen die Wolken; Weihwasser; umgedrehte Sense; Eisen unter bebrüteten Eiern; Hufeisen unter bebrüteten Eiern; Axt; Steinaxt unter bebrüteten Eiern; Johanniskraut; Eier von Himmelfahrt; Kesselring; Zwillingsäpfel; Gebete an die heilige Barbara; Gebete des Priesters; Salz; Kreuzzeichen; Schwenken von geweihten Kuhglocken; Weihnachtsscheit.
INSEKTEN UND NAGER	
Raupen	Ammoniten; Zauberformel auf um Baum gewickeltem Papierstreifen; durchlöcherte Steine; Gebete an die heilige Gertrud; eine Parzelle auf der Gemarkung für sie freihalten.
Ameisen	Kreuz aus Buchsbaum am Türstock.
alle Insekten	Gebete des Priesters.
Fliegen	Sardinenkopf am St.-Markus-Tag annageln; am Karfreitag Stall reinigen.
Flöhe	Blatt vom Nußbaum; am Johannistag mit einem Haselstock auf das Kopfende des Bettes schlagen; Holzscheit vom Johannisfeuer.
Wanzen	Mit Rinderleber oder Zwiebel über Bettpfosten streichen.
Ratten	Ihnen Brot vom Nachbarn geben; Blumen von der Fronleichnamsprozession in die *Rattenlöcher; Papier mit der Aufschrift »heute* ist Eutropius-Tag« in die Löcher; eine Ratte über die Flammen halten und sie freilassen.
Mäuse	Blumen von der Fronleichnamsprozession in die Mauselöcher; Heu unter die Streu mischen.
Bremsen	Am Karfreitag Stall reinigen.
Maulwürfe	Eine Parzelle auf der Gemarkung für sie freihalten.
Würmer und Maden	Geweihter Buchsbaum im Viehfutter; Asche vom Johannisfeuer (im Käse); Johanniswasser (im Käse).

GEGEN	SCHUTZMASSNAHME
SCHLANGEN	Weißdorn; Basilikum; Esche (Zweig); Milch von einer zum erstenmal gemolkenen Kuh an Weißdorn oder einen Markierungspfahl gießen; Maibaum auf dem Misthaufen; Dachsblut; Salz auf die Streu streuen; Holunder; Plafondbürste.
KOBOLDE	Geweihter Buchsbaum unter dem Kopfkissen; Stein auf der heißen Herdplatte; Lichtmeßkerze; offenes Messer auf der Brust des Schlafenden; Kreuzzeichen auf dem Bett; mit überkreuzten Armen schlafen; Pflugschar; sie ansprechen; Hirse, Schnupftabak, Hafer und Getreide ausstreuen.
HEXEN ALPTRÄUME	Knoblauch; Beifuß; umgedrehter Besen; Stecken vom Mispelstrauch; Bildchen der heiligen Agathe; entrindeter und am Bittsonntag geweihter Zweig; Lärm am Dreikönigstag oder 1. Mai; Heidekraut; Buchsbaum; krähende Hähne; Katze (ein Stückchen vom Schwanz abschneiden); Lichtmeßkerze; rote Farbe; weißes Kreuz auf der Fassade; Kreuz aus Strohhalmen am Bett; rotes Kreuz über der Tür; Unterhose am Türschloß mit einem Eimer Wasser darunter; Weihwasser; Fenchel; Farn; Johanniskraut; Stechpalme; Lorbeer; geopferte Amsel; Eisenstück; nach Sonnenuntergang ausgebrütetes Ei; Maulwurfknochen; Salz; Eisenkraut.
BÖSER BLICK UNHEIL	Beifuß; Weißdorn; umgedrehter Besen; Basilikum; Eschenzweig; Tannenzweig; Lärm am 1. Mai; Schreie von angebundenen Katzen; Fledermaus (angenagelt); Käuzchen (angenagelt); Lichtmeßkerze; Kreuz aus dem Ruß der Lichtmeßkerze; Ulmenrinde; blühender Ginster; Menschenfett auf der Türschwelle; Johanniskraut; Uhu (angenagelt); ungeweihte Hostie; Hauswurz; Fühler von Hirschkäfern; Fenchelomelette; Hirschzehen (angenagelt); Wildschweinklauen (angenagelt); Salz; Salz im Feuer; Holunder; duftender Klee.
KRANKHEIT FIEBER und statt Amulett	Weißdorn; Butter von Himmelfahrt; Ziegenbock im Stall; Erntestrauß; Strauß vom Johannistag; Buchsbaum; geweihter Buchsbaum; Asche vom Johannisfeuer; Asche vom Weihnachtsscheit; Lichtmeßkerze; Halsband aus Eierschalen; Kronen aus Geißblatt; Kronen aus Akazienblüten; menschliche Hirnschale (im Taubenschlag); vergrabene oder angenagelte Kröten; Schleier an Schrank oder Kamin; auf die Fassade gemaltes Kreuz; Wolfszähne; letzte Getreidestengel der Ernte; Weihwasser; Weihnachtswasser; Neujahrswasser; Wasser vom 1. Mai und vom Johannistag; Heckenrosen; Hufeisen; Eichenlaub; Zauberformeln auf Papierkugeln; Versteinerungen; Farnkraut; Farnkraut vom Johannistag; Kräuter von Himmelfahrt; Schwalben (im Stall); Stechpalme (im Stall); Binsenkreuz; Hauswurz; Lorbeer; Haselstrauch; Weihnachtsbrot; Maulwurfpfoten (bei sich getragen); geweihtes Salz; Salz und Brot auf einem Weißdorn; Holunder; Holzscheit aus dem Johannisfeuer; Spinnennetze (im Stall); vierblättriges Kleeblatt.

Tafel 20: aus: H. Fillipetti/J. Trotereau, Zauber, Riten und Symbole, Lizensausgabe für Pawlak, Verlagsgesellschaft mbH, Herrsching für Verlag H. Bauer KG, Freiburg im Breisgau 1992

Vergleich zwischen Riedigheim undt Raffolhaußen 1 6 9 9

Accord Puncten
Wie die bißherige Irrungen so Sich zwischen der Gemeinde Rüdigheim und Ravolshaußen so dann zwischen Langendiebach und oberjßigheim bißero enthalten in güte gehoben worden.

1)

Und zwar erstl. ist diejenige Gräntz Strittigkeith welche auff den Teutschen Herren Acker an der Langen forch so dann auf dem Teuffelskopf entstanden dergestalt entschieden, daß die Strittige Orth in gleiche Theil Vertheilet und eine gerade Linie nach dem in ao. 1614 geschehenen Vorschlag gezogen, und das Theil so gegen Ravoltzhaußen lieget, nacher vermeltem Ravoltzhaußen das andere aber nacher Rüdigheim mit aller obrigkeith Geboth und Verbott gehörig seyn auch umb mehrerer Richtigkeith willen abgesteinet werden soll.

2)

Zweytens verbleibet es zwischen obgemelden beyden Gemeinen so Viel die auff den gütern haftende beschwehrte betriff bey dem Herkomen dergestalt daß ein jeder an dem Orth wo Er wohnhaftig ist dieselbe abführen soll.

3)

Angehen die wegen sogenanten Thünges Von denen Ravoltshäuser gemachte protension, ist dieser streit dergestalt verglichen worden, daß ermeltes Thünges zwar in Hochgräfl.Hanauisch Territorio nach wie Vor ohnstrittig Verblieben, der Gemeind Ravoltshaußen aber aus demselben fünffzig Morgen Acker beysamen gegen Ravoltshaußen zu dargemeßen und überlaßen werden sollen, dahingegen renunciiret dieselbe auff alle weitere Anforderungen aus diesem Thünges, desgleichen laßen die Rüdigheimer die Forderung derjenigen Güter so Ihre Vorfahren in Ravoltzhäuser Terminey Vermög der alten Schatzungs Bücher gehabt, Sie aber dermahlen nicht Specefice Vorzeigen können, jedoch dergestalt schwinden, daß wenn etwa ein oder der Ander unterthan einen Acker in Ravoltzhäußer Terminey Ererbt oder sonsten überkomen und denselben zeigen könte, man Jhm Hochgräfl. Isenburgisch. Seithen dazu Behülf. seyn möge, so auch (beschädigte Stelle) ein oder Ander Ravoltzhäuser in Rüdigheimer Feldt außer dem Thünges maßen in demselben Sie über die 50. Morgen weiter nichts zu protendiren haben mit Recht zu suchen hat, man Hochgräfl. Hanauischer Seiten denselben ebenfalß dazu behülflich seyn möge.

4)
Der Streith zwischen Langendiebach undt Ravoltzhaußen aber soll dergestalt beygelegt werden, daß der daselbst befindliche Stein nächstens gehoben werden, undt nach deren Anleitung die Grentz Ihre Richtigkeit erlangen sollen, würde aber die Sach auch nach deren Lupfung unrichtig erfunden werden, sollen die Strittige Orth gleichfalß zu gleichen Theilen getheilet, und die Gräntze mit Wappen Steinen abgesteinet, zu dem Ende auch ein gewißer Termin zu Völliger der Sachen erörterung Von beyden Seithen abgeredet werden.

Deßen zu Uhrkundt ist dießes interim Herkommende beyderseits Deputierten Orth wo er ontract in Solenni Forma expedieret und die Stein gesetzet seyn worden, unterschrieben.
So geschehen. Rüdigheim d. 18 ten Apr. 1699

Joh.Cas.Schmit — Ph.Wißenbach
Jhh.Franz — K.Jungmann

Tafel 21/22: Vergleich zwischen „Riedigheim und Raffolhaußen“ 1699 (Teil 2)

Extractus

Hochfürstl. Hessen - Hanauische

Regierungs-Protokolli vom

11.n Juni 1736

Erschienen Die Rüdigheimer Unterthanen und beschwereten sich nochmals, daß die Ravoltzhäußer nicht aus denen im Wald liegenden vor Jahren gelegten Wiesen mit Ihrem Vieh bleiben wolten, und also groß schaden thäten.

Ist denen Rüdigheimern die Mündl. resolution ertheilet worden, daß Sie die Ravoltzhäußer nochmals warnen, wofern Sie sich aber daran nicht kehrten, so solten Sie mit Peitschen das Ravoltzhäußer Vieh hinweg treiben, sondern aber zu keinen Thätlichkeiten anlaß geben.

Tafel 23: Extractus des Regierungsprotokolls vom 11. Juni 1736

Dem Amt Bücherthals wird auf dessen Bericht Vom 24. V.M. wegen den Ravoltzhäuser Schaaf Heerde hüthens in Rüdigheimer Gemarkung hierdurch zur resolution bekannt gemacht, daß, weilen die Schäferey zu Rüdigheim eigentlich der Maltheser Ordens Commende daselbst zustehn, die Gemeinde aber nur den Beytrieb habe, die gerechtigkeit in der Ravoltzhäuser Gemarkung die Schaafe zu Hüten ein punct seyn, welche die Gemeinde zu Rüdigheim gar nicht angehe und von der Gemeinde zu Ravoltzhausen nach aufgehobener wechselseitiger Koppel Hüthe unter keinerley Vorwand ein reciprocum an jene verlangt werden können, sogleich dem Ravoltzhäuser Schäfer das Hüthen in Rüdigheimer Gemarkung nicht zugestatten, sondern wann auf das vom Amt Bücherthals an das Amt zu langen Selbold zu erlassende Abmahnungs Schreiben jetzt gedachten Schäfer sich des Hütens in Rüdigheimer Terminey ferner anzumaßen würde, mit Pfändung gegen ihn zu Verfahren seyn. Decretum

Hanau, den 16. Junii 1780

Fürstliche Regierung daselbst

Homberg

Der Herrschaftliche Schultheiß von Rüdigheim
hat nunmero den Ravoltzhäuser Schäfer
wann sich derselbe in Rüdigheimer Ter-
miney mit dem Hüthen befinden lässet
mit etliche Stück Vieh zu Pfänden, sodann
wie dieses zugekommen, hierunter zu
berichten.

Hanau, den 29. Juny 1780

Tafel 24: Vertrag zum Viehtrieb zwischen
Ravolzhausen und Rüdigheim von 1780

V e r t r a g

zwischen den Gemeinden Ravolzhausen und Rüdigheim in Betreff eines Viehtriebes, längs eines Theils der Gemarkungsgrenze, auf Ravolzhäußer Seite, hinziehend.

Bei der nothwendigen und zweckmäßigen Verlegung der Gemarkungsgrenze beider Gemeinden, welches geschehen am 14 ten und 15 ten September d.J. wurde von Unterzeichneten die Uebereinkunft getroffen, daß die Gemeinde Rüdigheim auf Immer das Recht haben soll, längs ihrer Gemeinde Tannenwaldung "am Tiefenborn" einen Viehtrieb, zwei Ravolzhäußer Ruthen breit, zu benutzen, um auf das vom Tannenwald und der Gemarkungsgrenze eingeschlossene Feld "am Teufelskopp" gelangen zu können.

Dieser Viehtrieb wurde abgesteckt, und zieht wie anliegender Grundriß zeigt, längs den Grenzpuncten No 267 1/4, No 267 2/4 u. No 267 3/4 hin, und durchschneidet 11 in der Ravolzhäußer Gemarkung gelegene Parzellen, welche folgenden Personen gehören

1) Heinrich Würtz 2) Peter Haas 3) Peter Schmidt II ter 4) Bürgermeister Johs.Schmidt 5) Johannes Weiß	aus Rüdigheim
6) Daniel Schäfer IV ter 7) Adam u Konrad Schäfer	aus Ravolzhausen
8) Siemon Ruth 9) Kaspar Alt II 10) Peter Ruth 11) Adam Ruth Witwe	aus Rüdigheim

Dieser Vertrag wurde am 15ten September, an Ort u.Stelle in Gegenwart des mit Feststellung der Gemarkungsgrenze beauftragten Geometers L u c k h a r d mündlich abgeschlossen und Heute von beiderseitigen Bürgermeistern und Gemeinderathsmitgliedern unterschrieben und besiegelt.

Ravolzhausen am 20. September 1847

Siegel	Der Bürgermeister Haupt Gemeinderath Jacob Klein Gemeinderath Johs. Köhler Gemeinderath Georg Tag

Tafel 25: Vertrag zum Viehtrieb zwischen Ravolzhausen und Rüdigheim von 1847

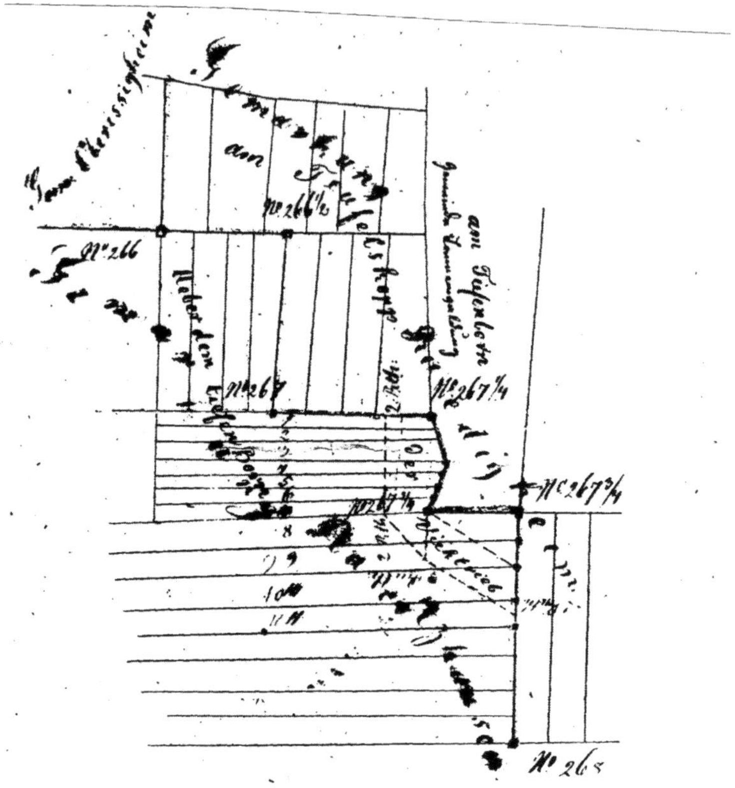

Handriß über einen Theil der Gemarkungsgrenze
zwischen Ravolzhausen und Rüdigheim in Beziehung
auf den der Gemeinde Rüdigheim zukommenden Viehtrieb

Aufgenommen am 15 ten September 1847

vom Geometer Luckhard

Tafel 26: Handriss über einen Teil der Gemarkungsgrenze zwischen Ravolzhausen und Rüdigheim von 1847

An

den Herrn Bürgermeister Schmidt

dahier

Mit Bezugnahme auf unsere an den Grenzbegehungsterminen unterm 23.n, 24.n und 27.n Oktober d.J. genommene mündliche Rücksprache ersuche ich Sie, die Anfertigung und Anfuhr der neu zu setzenden Gemarkungsgrenzsteine zu beschleunigen und mir demnächst, wenn die Lieferung derselben geschehen sein wird, Nachricht zu ertheilen, wobei ich bemerke, daß die Versteinung der mangelhaften Grenzpunkte wegen Ausführung der Parzellenvermessung dringlich erscheine. Da wegen Regulirung der Grenze mit Marköbel bekanntlich vorerst noch eine Vereinbarung getroffen werden muß, wozu ich in der Kürze einen Termin bestimmen werde: so sind vorerst die für die Grenzstrecken gegen Oberißigheim und Roßdorf erforderlichen Grenzsteine zu beschaffen und zwar hat die Grenzbegehung ergeben, daß für die Grenze mit Oberißigheim 6, für die Grenze mit Roßdorf 2 solcher Grenzsteine erforderlich sind. Ich fühle mich veranlaßt, hiermit wiederholt den Wunsch auszudrücken, daß auch die außerdem

noch schlecht versteinten Grenzpunkte ebenfalls
mit neuen Grenzsteinen versehen werden
möchten, in dem dadurch für die Zukunft
Irrungen vermieden werden und die Haupt-
grenze mit der Entstehung des neuen Karten-
werkes an Bedeutung gewinnt. - Wenn
Sie die Durchführung dieser Maßregel im
Einverständnisse mit den jenseitigen Orts-
vorständen entschieden haben werden, können
Sie immerhin noch 30 Steine in Bestellung
geben. Die äußere Beschaffenheit sämtlicher
neu zu setzender Grenzsteine anlangend:
so müssen dieselben wenigstens 2 1/2 bis 3 Fuß
lang und zu 1 Fuß in nachbezeichneter Form
behauen sein

Auf der nach der Gemarkung Rüdigheim gekehr-
ten Fläche werden die Buchstaben RH. (Rüdigheim)
sowie die betreffende Nummer, auf der anderen
Fläche respective die Buchstaben OI. (Oberißigheim),
RD. (Roßdorf) und M. (Marköbel) eingehauen.

Rüdigheim, am 6.n Dezember 1848
Der Geometer

Fiedler

Tafel 27/28: Schreiben des Geometers Fiedler bezüglich Setzung von Gemarkungsgrenzsteinen vom 6. 12. 1848

Nachwort

Nachdem die *Kleine Geschichte der Ravolzhäuser Ziegelhütte* bereits im April 2010 zum großen Teil geschrieben war, die „Arabellion“ noch nicht in Sicht war, halte ich es für angebracht, in einem Nachwort kurz auf meine „Bildersuche“ auf dem Ziegel einzugehen, als auch die Ereignisse in Nordafrika zu reflektieren.

Das Leben der Bilder
Das Symbol der Sonne
Eine Metapher für das Leben

Bestimmte in allen Kulturen vorhandene Hinweise auf grundlegende Wahrheiten des Lebens, die in der sinnvollen Ordnung der Natur erkennbar sind, haben sich trotz weltgeschichtlicher Umbrüche und immer wieder auftretender Bedrängnisse als zeitlose Kräfte erwiesen, die im Licht von bestimmten Ereignissen der Not aus dem Verborgenen wieder emporbrechen können. Sie beeinflussen den Lauf der Dinge. Schöpfungstaten wiederholen sich in prägenden Rastern und bekannten Mustern.

Die seherische Kraft und Weisheit eines Volkes gründet in der Neigung zu selbstbestimmter Freiheit, die an einem unergründlichen Anfang gestanden haben mag. Die Wiederherstellung alter Tugenden kann ein natürlicher Weg sein, sich selbst wieder zu finden, um seiner vorgezeichneten Spur wieder folgen zu können.

Durch wirkmächtige Worte, auf fruchtbarem Boden alter Sehnsucht gesät, wachsen Vorstellungen von Bildern. In bestimmender Kraft imaginieren sie zu erlösenden Taten.

Auch wenn die Hoffnung im Strudel der Dynamik von Ereignissen viele tötet, ist ihre Zeit nicht weggeworfen. Ihre Träume beginnen zu leben. Die mentale und materielle Lage des Volkes verbessert sich.